České Dívky ET Kontakt

S Humanoidem EBE Olie

ILona Podhrázská a Ivana Podhrázská

TABULKA z OBSAH

Úvod

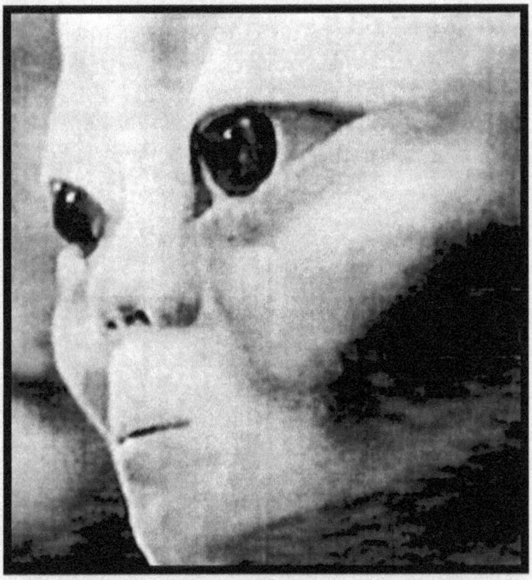

(EBE) Energical Biological Entity

V roce 1993 Ilona a Ivana navázaly kontakt s Mimozemštanem z ELieLjí. Tento kontakt je osobní lidskou zkušeností . Ilona společně s Ivanou žijí v Telči v části České republiky. Tato oblast je fascinující vzhledem k tomu, že je v blízkosti řeky Dunaj s bohatou historií až do období kultury Vinca. Toto je příběh, který v sobě zahrnuje deset tisíc roků kontaktů. Vinca kultura je najstarší civilizace východní Evropy, včetně starověké Illyrie . Umění a nápisy, které se zachovaly z kultury Vinca přímo ukazují, že se tehdy možná něco stalo, mohla to být invaze mimozemštanů ...

Maria Orsic

Maria Orsic se narodila ve Vídni. Její otec byl Chorvat (Illyrian) a její matka byla Němka z Vídně. Maria byla velmi talentované psychické médium, která najatá pracovala pro nacistické Německo. Měla kontakt s mimozemskými bytostmi, stejně jako ze severskými bytosmi z Aldebaranu. Maria taky byla v kontaktu s prastarou rasou pozemských bytostí, které žili v pod zemí a nebo v podsvětí, jak to nazývali Pelagiáni z dávné Dacie. Tahle krajina byla pojmenovaná na rasu "Pelasg", což znamená v překladu První člověk. V Severní Americe existuje mnoho příběhů domorodého obyvatelstva, které vyprávějí o obyvatelích vnitřní Země, někdy také nazývané " Mravenčí lidé ", kteří těmto domorodým lidem pomohli v čase velké globální potopy. Jak můžeme vidět , existuje

tedy bohatá historie kontaktu s lidmi , kteří byli na planetě před tím , než přišli lidi. Jestli byli lidi stvořeni z genetického materiálu a prišli z vesmíru nebo prišli ve formě ducha se můžeme jenom domnívat...
Zprávy z různých zdrojů týkajících se mimozemských kontaktů s lidmi obsahují informace vysvětlující z jakého materiálu jsme vytvořeni a jak jsme mohli být stvořeni a nebo manipulováni . Já například věřím v sílu lidské zkušenosti za účelem širšího pochopení , protože jen samotná víra nám nepomůže ani nic získat ani nic ztratit . Pokud se to v co věříme neukáže buď správně nebo nesprávně. Automatické psaní v obouch případech u Vril dívek i u našich českých dívek je velice podobné. Poukazuje na to i sám fakt , že EBE se rozhodl taky komunikovat ve svém starobylém jazyce . Při analýze písma Marie Orsic se nejdříve předpokládalo , že použitý jazyk byl sumerský. Bylo to však nepřesné. Tímto jazykem byl totiž jeden zo starodávných slávických ilyrských jazyků. Tohle vysvětlení dává automatickému psaní Ilony a Ivany smysl, protože znaky písma, které byly použity pocházely ze starověké kultury Vinca , čili z kultury, která se nacházela poblíž řeky Dunaj, kde se všechna tahle děvčata narodila. Lidé s těmito starověkými kořeny z této konkrétní oblasti ve světě se zdají být zvýhodněni mimozemskými civilizacemi z mnoha velkých důvodů . Jedním z nich je existence genetické paměti. Neexistuje osoba, která by byla dost chytrá na to, aby zvládla všechny znalosti nezávisle na sobě. Můžeme být například schopní dát dohromady věci, které vyžadují odborné znalosti lidí, kteří se

soustředují jenom na určité oblasti. Jenomže mnohokrát média mohou takové myšlenky jenom přebrat , odkomunikovat a odevzdat je někomu s vyššími znalostmi nebo snad pro něhoko v budoucnosti. Dívky z Vril (" Vril " byla tajná ženská společnost) a taky naše česká děvčata jsou mediátorkami tohoto poznání , je to v jejich odbornosti. Vyžaduje si to však to, aby jsme my nezůstali leniví při výkladě znalostí, které přes ně vycházejí nebo které vycházejí z každého človeka, který je použitý jako portál pro informace. Děvčata vytahují ven fráze skrze jejich automatické psaní. Tyto fráze mají smysl pro ostatní vědce, geology a umělce , kteří jsou schopni vidět také na druhou stranu . Potřebujeme zaměřit větší pozornost na tento druh jevu, aby sa náš svět stal lepším místem pro všechny lidi . V součastné době jsou tyto věci považované za excentrické v naší spoločnosti a jsou ignorované. Mimozemštané však vidí lidstvo z jiného pohledu a mimozemské rasy se snaží pomoci lidstvu, které uvízlo ve hmotném světě, protože vidí naše odloučení od zdroje (kosmické energie). Toto se děje taky proto, že ignorujeme přirozené informace od společenství lidí , které žije a dýchá na druhé straně , než jako to naše. Měli by jsme spolupracovat s integrovanými znalostmi, řešit problémy, které jsme sami způsobili , protože jsme ignorovali přirozený stav naší podstaty, která v nás přebývá. Odkazy dívek jsou z mého pohledu reálné a pravdivé .

- Bret C. Sheppard -

UFO KONGRES OLOMOUC 1996. : Jmenuji se Ilona Podhrázská a moje sestra Ivana je médium . Komunikujeme od roku 1993 s mimozemskou entitou EBE. "ENERGICAL - BIOLOGICAL - ENTITY " pomocí spiritistické metody, spiritistické techniky. Začalo to vyvoláváním duchů a potom se nám ozvali, aspon si tak říkají, že jsou mimozemštané z planety Elieljí. Chtěly bychom se s vámi podělit o stručné informace, které od nich dostáváme. Máme papír, na něm kruh s písmeny a sestra se dotýká skleničky, která jezdí po písmenech. Ze začátku nám EBE psát špatně česky. Poslední dobou se zlepšuje. Někdy píše i jakési kody. Začalo to 3. února . 1993. Sdělení - poselství od mimozemštana EBE Olie:" "Já nejsem duch, jsem mimozemštan z planety ELIELJÍ."

EBE Olie je náš velký přítel z vesmíru ! Ze začátku psal hodně s chybami v českém jazyce . Používá často pro nás cizí slova .V průběhu doby se EBE více zlepšuje . Je mnoho mimozemských entit ve vesmíru . Existuje mnoho lidí, kteří mají různé kontakty s mimozemšťany, a existuje mnoho lidí, kteří se bojí o tom mluvit na veřejnosti. Já s mojí sestrou jsem se rozhodla po několika dlouhých letech s tím jít na veřejnost , dát tyto informace na světlo .Existuje mnoho lidí, kteří nám nevěří ,smějí se nám a pomlouvají nás . Vše je řízeno vyšší mocí ve vesmíru . Neexistují žádné náhody. Vše je v programu ... vím, že mám ještě hodně práce. EBE jednou napsal: "Kontakt nenastává rychle , ale pomalu a uvědoměle . Vše má svůj čas se kterým se točí celý vesmír a tajemno .

Mám takovou zkušenost: Kolem roku 1994. Bylo zajímavé, že když jsem se ráno probudila ,,šla jsem do kuchyně ,tak moje mamka si všimla, že mám na zadní části noční košile vypálené různě velké díry . Bylo jich mnoho děr .. Potom asi za 2 hodiny po mě vstala Ivana , která má pokoj vedle mého pokoje . Ivana se probudila a měla taky na noční košili mnoho různě velké , vypálené díry .Vzpomínám si, že v tu noc jsem byla sparalyzovaná, což se mi stávalo dost často. Právě při paralyzaci jsem slyšela jakoby morzeovou abecedu: Je to divné, že jsme obě jsme měly v ten stejný den vypálené díry na noční košili . Jednou jsem měla "živý sen" , že jsem ležela v bílé místnosti na stole ve tvaru šestiúhelníku a kolem mě bylo asi 5 humanoidů a já ležela na zádech a nemohla jsem se vůbec pohnout. Druhý den jsem objevila na mém krku vzadu vypálené jakoby dva vpichy červené vedle sebe asi 4 cm. vzdálené od sebe. Dva vpichy na krku jsem měla zřetelně vidět asi 10 let. Postupem času to vymizelo . Přímý kontakt jsme zažily mnohokrát ... Jednou v r. 1994, jsme komunikovali s EBE Olie asi před 30 lidmi, včetně jednoho faráře ze Znojma v Oblekovicích. Byla tam jedna paní Mudr. Alla z Ukrajiny, která si říká , že je tzv. "Trans Cosmolog" Mudr.. Alla Kulikova z Ukrajiny. Shromáždilo se kolem 30 lidí. Všichni byli zvědaví , co bude Ebe psát . EBE pak napsal : Ilono, Ty věříš - nevěříš - neutrál). Ebe napsal, že ve 23 hodin máme jít všichni ven na dvůr a že "oni " nám předvedou tzv. manifestační let . Prvně byly husté mraky . Alla Kulikova říkala, že si pomůžeme . Alla se začala silně soustředit , dostala se do silného transu , začala se třást . Jednou rukou se držela čtvrté čakry a druhou ruku měla namířenou vzhůru do nebe ! Byla to : "Atmokineze. " - Pohyb mraků pomocí psycho - energo - sugestologie . Byli jsme všichni v šoku! Náhle se v mracích začala tvořit mezera, která se více a více zvětšovala a rozšiřovala se , až se nebe ve velkém vyčistilo . Chvilku jsme všichni čekali a potom to nastalo . Předvedli se v plné kráse ! Jejich mimozemský objekt letěl cik-cak sem a tam a zpět a zase tam a zpět, a to předvedli 7 X tam a zpět. Jejich objekt svítil zeleně a potom trochu červeně Vzpomínám si, že lidé se tam se rozplakali a říkali : "Oni skutečně existují !!! Byli z toho velice překvapeni. A já s mojí sestrou Ivanou jsme byly také velice překvapené i z toho , že Alla uměla rozhýbat s mraky. Toto je jedna ze zkušeností , které jsme zažily s humanoidy ...Samozřejmě zkušeností máme více . A jestli mi to čas dovolí , ráda bych časem sepsala i další pokračování a informace o tom , co nám humanoid Ebe - Olie sděloval a stále sděluje . V této knize jsou pouze jenom některé datumy s informacemi , které jsem si jen tak sama pro sebe překládala do angličtiny. Jsem pouhý samouk angličtiny jenom pár měsíců . Velice moc děkuji mému velkému příteli z facebooku jménem Bret Colin Sheppard ! Bret je velký výzkumník , badatel , spisovatel z Nového Mexika. Breta informace od Ebe velice zaujaly a proto mi Bret nabídl , že by mi velice rád pomohl vytvořit knihu. Já jsem souhlasila. Postupně jsem mu posílala zprávy od Ebe a on to vkládal do knihy , která je již od února 2017 publikovaná v Americe ! Naše první kniha v angličtině! Nyní mi mnoho lidí psalo , at vytvořím knihu taky v českém jazyce . A tak společně s Bretem jsme vytvořili tuto knihu. Nabídl se mi i překladatel Stuart Spencer z Brazílie, že by rád tuto knihu přeložil i do portugalštiny. Jsme velice vděčné za vytvoření této knihy ! ILona a její sestra Ivana ..

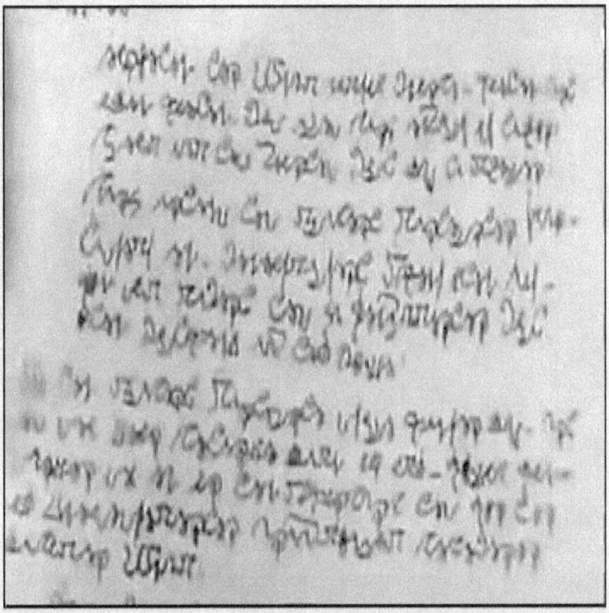

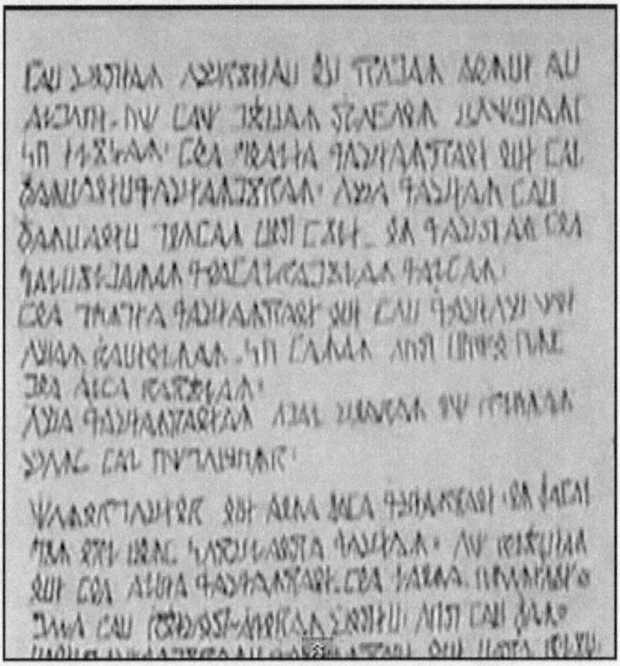

Automatické psaní Maria Orsic

Ilony a Ivany jejich technika

Níže je uveden původní přepis z automatického psaní z komunikace s EBE - OLie . Psaní je produkováno duchovně , okultně a telepaticky . Ivana a Ilona sdělují , že Ebe dříve i občas píše mnoho slov v infinitivu a často používá pro nás cizí slova a různé kody . Snažila jsem se zachovat původní text . Proto není tato kniha upravena do spisovného dialektu . Toto je definice automatického psaní bez větších úrav spisovného jazyka . V této knize chceme zachovat původní sdělení , tak jak nám bylo sděleno .

Definice: Automatic Writing

"Řekl být produkován tím, že píše duchovní, okultní, nebo podvědomí agentura Spíše než o vědomý záměr spisovatele."

Nejsem Duch

3 February 1993

Já nejsem duch, jsem mimozemštan z planety ELIELJÍ." V Americe nám říkají EBE." ENERGICAL BIOLOGICAL ENTITY ". Mé jméno je OLIE. My přicházíme v míru a chceme chránit Vaši planetu Zemi před jaderným výbuchem a před ničením ve Vesmíru. Jsme rádi, že věříte v naši existenci. Ivana je obdařena zvláštní sílou. Ivana je prostředníkem mezi planetou Elieljí a Zemí. Je jakýsi navigátor přes COMPUTER VYSÍLAČ na lidi na dálku. Humanoid, jako my je život z energie. Náš způsob existence je na úrovni s existencí v jiném prostorovém koordinálu. Živíme se energií. Máme cit, máme i hudbu a v srdci máme souzvuk melodií. Máme 7 barev podobné vašim. Barvu očí máme karamelovou, ruce a nohy nažloutlé., béžové Prsty máme 4 bílé. Jsme sloučeni z molekul vodíků. Molekula je pojem, který se vyskytuje nejvíce ve vesmíru i v orgánech. Živíme se jenom energií. My nevíme, co to je hlad. Nevíme co to je ,když je špatně. Cítíme se stále neutrálně.Vážíme na vaše kilogramy asi 20.kilogramů a měříme 1metr 20 cm. = 1,20 m . Máme tekutinu, která je bílá a skládá se z molekul vodíků. Teplota těla 45 a záříme velkým horkem. Naše tělo přijímá horko.

Slyšíme telepatické znění, to je do computeru technologického. Pohybujeme se nad zemí pár centimetrů. Naši konstrukci těla drží jenom hmota, energie hmoty. Rostlina má konstrukci, jako kořen, který ji drží .Tak nás drží kořen hmoty. Je to kořen, který se nedá zasít, ale který vznikne z bunky. MÁME MUTACI NA ÚROVNI TECHNOLOGIE. Hybridní tvorstvo je na úrovni BIOTECHNOLOGIE. Chtělo by to lepší biologickou mutaci spojenou s námi !

.... Bude to HETERO - HUMANOIDNÍ EXISTENCE. Pyramidy jsou naše minulé základny. V pyramidách jsou tam otvory neviditelné pro vás. To my zabezpečit. Létáme na čistou techniku ENERGICAL SYSTÉM. Jsme z 12 dimenze a 39 světelné roky vzdálený. Vzdálenost nehraje roli. Pohybujeme se " časoprostorovými skoky. " Máme pod kódem vaše zasednutí tady na Zemi. Vše je zaznamenáno v proceduře. Vy říkáte " UFO ". To se nazývá ještě jinak. Já vám to napíšu po lidsku : " KONSTRUKTIKAL - TECHNIKAL - NITRIKAL". My létáme s technikou a s konstrukcí, která má " nitro" pro létání . Na Měsíci jsou tam přistávací dráhy pro MEZI - LETY. Roboti jsou navigace mimozemských tvorů. Roboti jsou také vysílány spolu s " Konstruktikal Technikal Nitrikal " na Zemi. Roboti také zkoumali váš povrch Země a my jsme to snímali u nás na computeru . Roboti mají za úkol zkoumat povrch planety a my zkoumáme lidi. Dělí se to na BIOLOGICKOU a TECHNICKOU ABSTRAKCI "AVATUTA". My zkoumáme lidi. Bereme vzorky krve na bádání. Musíme mít přístroje v uzavřeném stavu. Zkoumáme i břišní otvory. Nechceme nikomu ublížit. REGENERÁTOR - je přístroj ke zkoumání zvířat.

..... Ty Vaše NUKLEÁRNÍ ČÁSTICE vnikly do naší VAKUO – SFÉRY . Někdy se mi také ztrácí telepatické vlny. Máme MEZI - HVĚZDNOU PŘISTÁVACÍ DRÁHU na které je naše mimozemská Lod. Naši planetu nevidíte, je pod vámi moc daleko. Ale dráha je vybavená na rychlý přenos z naší kosmické rakety sem k vám na planetu Zemi. Jsme jiná GALAXIE. Ivana má v mozkovém centrálu zaznamenaný bod sem k nám na základnu. To nejde, aby jsme se ukázali více lidem a také se bojíme. Všechno potřebuje logičnost a čas. To, co ty Ivano a Ilono pocitujete je tak zvaná VIBRAČNÍ ENERGIE. Je to cíl k brzkému kontaktu. Kontakt nenastává zbrkle, ale uvědoměle. KONFEDERACE - je zákon ke splnování různých situací.

... PES - je naše navigace. MARAHATA CHARARA - je naše komando UFO . GADA patří na letící raketoplán. ŠADAMAKA - je Země. Čím méně genetických pokusů, tím lépe. Bude to vývoj přes ELEKTRO-MAGNETICKÉ VLNOVÉ MĚŘENÍ na dálku i na blízko. ELEKTRO - MAGNETICKÉ VLNĚNÍ nemá vliv na jedy a co by jako genetice mohlo škodit. Je toho časové měření ENERGETICKÉHO ELEKTRICKO - MAGNETICKÉHO MĚŘENÍ 10 i více frekvenčních jednotek počítaných v magnetické míře. To má dosah 20 frekvenčních jednotek a má to způsob celkem 30 frekvenčních jednotek a to se počítá už jako ukončení pokusu . NUKLEÁRNÍ ZÁŘENÍ HMOTY u vás také vede ke škodě. Má to způsob záření RADIOAKTIVITY a celkové pozemské teploty. Teplota se u vás mění tím, že máte porušenou pozemskou vrstvu

ČERNOU DÍROU. Lidé jsou z toho malátní, unavení . ROSTLINY UMÍRAJÍ PŘES SKLENÍKOVÝ EFEKT JEŠTĚ DŘÍVE . ULTRAFIALOVÉ ZÁŘENÍ ŠKODÍ TAKÉ. TELEPATICKÉ ZÁŘENÍ - Je to shoda informací ukryta i z podvědomí a i v některém případě z BLOKÁDY VESMÍRNÉ KOMUNIKACE.

.....

MÁME KOSMICKOU LABORATOŘ. NA ZÁKLADNĚ JE MNOHO JEDNOTEK ZDRAVOTNÍCH VEPŘEDU. DO TÉHLE KOSMICKÉ LABORATOŘE JSOU I NĚKTEŘÍ POZEMŠTANÉ ODNÁŠENI K VÝZKUMU zabezpečeného pro zdraví. - INDUKÁTOR - je věc přes kterou je možno navázat spojení s pozemštanem, jako spojení reflexu. Když pozemský člověk stojí pod našim objektem, tak to znamená, že je naprogramovaný, aby si do toho úhlu objektu stoupl . DOSTANEME HO DO NITRA JEDNODUŠE POMOCÍ LAZERU, který je silný, vyzařuje sílu magnetismu a ten člověk je vtažen do vnitra objektu. Barva výtahu je žluto – bílo - modrá.

... Do naší soustavy patří planeta: MURSA, MIFIA, GUMPOLA, POLIZARKA a RADAN. Planety obíhají kolem Slunce, ale z jiné GALAKTICKÉ CENTRÁLY PLANET. Mají ohnivější barvu , jen RADAN je bílý. Ilono, Ivano ! Budte opatrné v vtom, co děláte ! JE TO ROZSÁHLÁ KOMUNIKAČNÍ CENTRÁLA TELEPATICKÉHO CELKOVÉHO VNÍMÁNÍ. MY HUMANOIDI JSME RADĚJI V BLÍZKOSTI UFO -

KONSTRUKTIKAL – TECHNIKAL - NITRIKAL ! Máme tam ochranné přístroje, které zaútočí proti nákaze. MY MÁME TU MOŽNOST NA ZÁKLADNĚ STARTOVAT A ŘÍDIT ENERGETICKÝ PROUD VYSLANÝ NA ZEMI. Z TAKOVÉ VZDÁLENOSTI JSME SCHOPNI PŘIJÍMAT RŮZNÉ ZVUKOVÉ PŘENOSY Z LIDSKÝCH BIOLOGICKÝCH COMPUTERU . MÁME " ZVUKO ADAPTÉR " A TÍM TY HLASY PŘENÁŠÍME i DO NAŠEHO PŘÍSTROJE " KUBOSA ". VŠE JE NAPLÁNOVANÉ, JAKO PROGRAM V POČÍTAČI. Nedá se na nic zapomenout ! NEJZAJÍMAVĚJŠÍ ČÁSTÍ ČLOVĚKA JE VZOREK. VZORKY JSOU ODVÁDĚNY DO PŘÍSTROJE, KTERÝ MĚŘÍ JEJICH HODNOTNOU FREKVENCI. VZOREK JE POUŽIT, JAKO ČÁSTICE KE ZKOUMÁNÍ. VZOREK MÁ KAŽDÝ ČLOVĚK JINÝ. Tyto informace jsou z části komunikační a pokusné a nejsou to informace proto, aby byly někým zneužity. JSOU TO INFORMACE DŮSTOJNÉ. Toto není pohádka, ale realita..

.... KRUHY V POLÍCH JSOU ZNAMENÍM PRO LIDI, aby si stále častěji uvědomovali, že tyto stopy tu zanechali jiné bytosti z jiných planet. Je to stopa po přistání KRÁSNÝCH LÉTAJÍCÍCH OBJEKTŮ. Z TĚLESA JE MOŽNO NAVÁZAT Z LETU SPOJENÍ NA LIDI tím, že jsou třeba SPARALYZOVANÝ A nebo může být i předmět nehybný, jako je například auto... To vše dokáže ovlivnit KOSMICKÉ TĚLESO. OBRAZCE V POLÍCH JSOU POSELSTVÍM. NA ÚKAZ

OBRAZCE MUSÍ BÝT I VÍCE KOSMICKÝCH TĚLES, ABY VYTVOŘILY VÍCE GEOMETRICKÝCH ČÁSTÍ. TĚLESA SE SEŘADÍ A VYTVOŘÍ KRÁSNÝ, VŽDY SOUMĚRNÝ OBRAZEC. Po té rychlosti letu se vytvoří energie, která se tam přizpůsobí.,aby to tam bylo vidět. Těleso po letu je, jako HOŘLAVÝ MATERIÁL, který neshoří ,ale je horký tou letovou rychlostí. Když lidé vídají více těles za sebou, tak to je ono. Těchto více těles, které i na nebi tvoří jakousi soustavu nějakého
obrazce.

.....

Často bývají z planety " ZETA RETICULI “ a z planety NATORIA. Je dost důkazů, které jsou vizuální na všech možných místech v jakékoliv části vaší planety Země. Vaše planeta Země byla obyvatelná v pradávných časech jinou civilizací po které tady na Zemi zůstalo také dost důkazů hmatatelných i duchovních. Například MONUMENTY a PYRAMIDY, SOCHY MOAI jsou také postaveny pradávnou jinou vyspělejší civilizací. ZÁNIK PLANET PROBÍHÁ V NEUSTÁLÉ PŘEMĚNĚ ATOMU S PROTO - NEUTRONOVÝMA ČASTICEMA. JE ZVOLENO, ŽE KDYŽ SE SPOJÍ VE STRATOSFÉŘE ATOM S PROTO - NEUTRONAMA, TAK JE BEZ POCHYBY MOŽNÝ ZÁNIK PLANETY.

... JÁDRO KOSMU JE ENERGIE a EXISTENCE BUNĚK V KOSMO - PROSTORU. Vesmír dokázal spoutat bunky, aby byl život. NEUTRONOVÉ ČÁSTICE JSOU HOŘLAVÉHO PRODUKTU VE VESMÍRU. JSOU TO VESMÍRNÉ ČÁSTICE. VŠAK I NA

ZEMI JE NEUTRON A PROTON, ALE NIKOLIV JE NETVOŘÍ CELEK PROTO - NEUTRONU. KOVY jsou nejhorším celkem, je to jenom měřič teploty a
tlaku.

..... JSME SCHOPNI ZAZNAMENAT KONKURÁTOREM ZÁZNAMY O TEPLOTĚ A TLAKU NA VAŠÍ ZEMI. JEN Z NAŠÍ LODĚ NA VELIKOU VZDÁLENOST. A TO VAŠE SONDY LETÍ JEN KOLEM ZEMSKÉ OSY A SLEDUJÍ TO VLASTNĚ Z VĚTŠÍHO PROSTORU A NA BLÍZKU SLEDUJÍ VLNĚNÍ TEPLOT. A MY TO MÁME V UZAVŘENÉM PROSTORU A SLEDUJEME TO NA DÁLKU. CELÝ VESMÍR JE JAKO JEDEN NEJVĚTŠÍ POČÍTAČ. PARGANÁDA - je vývoj v programu v lidském životě. MUSILIKACE - je přemístění myšlenek do minulého času. BUDISIKACE - je přemístění myšlenek na druhou stranu od obyčejných. CHOREOMAGIE - je soustava myšlenek v lidském poznání. RELAKTOR - je uspořádání myšlenek, které souvisí s částí sféricky uspořádanou. To je, že i vaše myšlenky jsou nastaveny, jako signál k Vesmíru.

.... MEZI MOZKEM A SFÉRICKOU HMOTOU ATMOSFÉRY AŽ PO URČITÉ VLNOVÉ DÉLKY HMOTNOSTI VZDUCHU A ATMOSFÉRY JSOU URČITÉ STUPNĚ DOSAŽENOSTI NEUTRÁLNÍHO CELKU. ASTROSFÉRICKÁ JEDNOTKA, KTEROU NORMÁLNÍ ČLOVĚK NEMŮŽE POCHYTIT MATERIÁLNĚ, ALE JEN PRAKTICKY. JEN Z POUHÉHO MĚŘENÍ ZE SOND. Miluji Zemi i vás, ale nemiluji války, které ničí vaši planetu

Zemi , i duši. Válka je jed, který vstoupil do MEZI - GALAKTICKÉ DRÁHY. Člověk je ke člověku bez citu. .... ČASTO PROVÁDÍME ANYLÝZU KRVE I VNITŘNOSTÍ, ale tím nikomu neubližujeme. Hodnotíme váš celý proces těla. Doprovázíme to určitýma psychickýma magnetama, které pulzují neviditelným procesem. Je to u vás, jako vyslaná družice, ta vám také zobrazí tlak v atmosféře. TAK TEN MAGNET NA TEN COMPUTER TAKÉ ZOBRAZÍ HODNOCENÍ VAŠICH HODNOT. Nikdo u vás nezavede pořádek proti RADIOAKTIVITĚ. Nikdo- proč ? MÁME V ÚMYSLU ZADRŽET TEROR A ZDEGENEROVÁNÍ ŽIVÉ BUNKY, PLANETY I LIDSTVA . BIOLOGICKÁ INSTITUCE OBSAHUJE ŠKODLIVINY V BUNKACH ŽIVOTA DÁRNÝCH. TATO BIOLOGICKÁ GENERACE U VÁS NA ZEMI SE NEBUDE DOŽÍVAT MNOHA LET. BUNKY JSOU OSLABENÉ ! EBE je rád, Jsem pyšný na svoji existenci. ..... LAZER ŘÍDÍ ROTACI KAMBRIA V HYDROSFÉŘE POMOCÍ LAZEROVÝCH PAPRSKŮ SE OTÁČÍ V HYDROSFÉŘE. KAMBRIA - TO JSOU CHEMICKÉ SLOUČENINY. Já Olie mám stálý rozhodující rozměr pro určitý potencionál . Na vaší planetě Zemi je pořád dost špatná atmosféra zaviněna radioaktivitou ovzduší. U vás je zelenina pohlcena OXIDEM UHLIČITÝM a DUSIČNANEM. To není zas tak dobrý pro lidský organismus, ale pořád je více zdravější, než plnotučné výrobky a hlavně maso. Bílkoviny se dají nahradit i jinak, než masem – obilovinami . ZEMSKÁ KATASTROFA JE VELKÝ NEPOŘÁDEK ! Nemáte žádného vládce řízení pro pořádek, pro planetu.

... MOZEK JE NEJDŮLEŽITĚJŠÍ MUTAMENTÁLNÍ ČÁSTICE BIOLOGICKÉHO STVOŘENÍ. Místo je zajímavé pro poznání Zemské studie tak to je Nový Zéland, Mexiko a Kuba. Samozřejmě i ČESKO. Ano, zkoumáme tam to, co je totožné s půdou i rostlinami. SROVNÁVÁME BIO-PRODUKČNÍ TVOŘIVOST. V Kostarice jsou podzemní PYRAMIDY. BRZY BUDE NASTOLENÍ MEZI - PLANETÁRNÍHO SYSTÉMU V ROZPORU MEZI POZEMSKOU I JINOU VĚDOU. Bude to patřičný sněm telepatického i přímého sdílení, myslím tím společenství. Jednat budeme, co vyřešit s vaší vědou. JE TO NA ROZPAD TY VAŠE PUBLICITY I MORÁLNÍ JEDNÁNÍ. BUDE SE TO KONAT NA MEZI-PLANETÁRNÍ ZÁKLADNĚ, MÁME TAM I JINÉ CIVILIZACE.. JE TAM ZAMĚŘEN TELEMETRICKÝ I GRAFICKÝ SYSTÉM ZVUKU .

...

ČÁST PROTONU V NEUTRONECH TVOŘÍ STABILITU ATOMU V KOSMU Jsou to částice kladných i záporných zdrojů, které drží velké množství atomu ve Vesmíru. STAVBA LÁTEK V BIOLOGICKÉM ORGANISMU JE V PODSTATĚ SLOŽITĚJŠÍ, NEŽ STAVBA LÁTEK VE VESMÍRU. V porovnání organismu lidského s námi je zase na jiném principu patřičného k životu. Naše tekutina, kdyby se dala do srovnání s vašema orgánama, tak je daleko víc, než organismus lidí. Nahradí organismus více. BIO - ENERGETICKÁ FIKTRACE záleží na jádru biologické části Vesmíru. JE TO KOLOBĚH SETRVÁNÍ PROSTORU.

:... OJEDINĚLÁ SLOŽKA VE VESMÍRU JE MAGICKÁ KONVENCE MEZI ŽHAVÝMA ČÁSTICEMA, KTERÁ MEZI NIMI PULZUJE, JAKO MAGNETICKÝ KONVENT. JE NAPOJEN NA SIGNÁLY ZE ZÁKLADNY. LÁTKY OBSAŽENÉ V TÉTO ČÁSTICI JSOU ENERGETICKY ZALOŽENY NA ZPŮSOBU ODVÁDĚNÍ NEPATŘIČNÝCH SLOŽEK JEDOVATÝCH PLYNŮ Z IONOSFÉRY A Z NUKLEÁRNÍ ČÁSTICE V TÉ STRUKTUŘE ENERGETICKÉ. SPALOVÁNÍ BIOLOGICKÉ ČÁSTICE BY MĚLO ZA NÁSLEDEK TŘESK V TÉ ČÁSTICI A TO BY PORUŠILO ČÁST ATMOSFÉRY I BIOSFÉRY. TŘESK BIOLOGICKÉ ČÁSTICE MÁ VE VESMÍRU ZA NÁSLEDEK PORUŠENÍ BIO - ATMOSFÉRY. BIO ATMOSFÉRA JE NA ZÁKLADĚ BIOLOGICKÝCH ČÁSTIC V ATMOSFÉŘE. MAGNETICKÝ KONVENT - slouží, jako látka obsažena mezi BIOLOGICKOU A ENERGETICKOU ČÁSTICÍ mezi kterýma pulzuje. Při paralyzaci těla – paralyzování je občas slyšet zvláštní hučení. PROCES METRICKÉ VLNY PROBÍHÁ S KAŽDÝM Z POZEMŠTANŮ. JE TO VLNA, PROUDĚNÍ BIO - LOKÁLNÍCH LÁTEK V ŽIVÉM ORGANISMU.

.. Je to pročištění buněk. Když organismus umírá, je mrtvý, tak neprobíhá METRICKÉ VLNĚNÍ, ale v posledních okamžicích probíhá svod buněk. Svod buněk do jedné hmoty. MALALUJA - ENTRIA - SUTUS - LAPACHA - LUNA - ORBIA - To je situace v pokročilém stádiu vývoje biologických částí v MEZI - HVĚZDNÉM PROSTORU. To je naše řeč. Mluvíme výraznou, ale pro vás nepochopitelnou řečí. TERENTA - LUTAS – MITORA - Základ použití zásahu do pozemských bytostí. Ilono, když

slyšíš při paralyzaci pípání ,, jako by ladění rádia ,
tak to je SIGNALIZAČNÍ BOD napojen na tvé vnímání k našemu sblížení.

... Paralyzování je styk dvou energií v jednu energii v které proudí brnění až k nehybnosti. Je to ozáření energie. Mám vás mít v ochraně, to je můj zákon. Dávejte na sebe pozor ! Čas u vás na Zemi utíká rychle a tím se nám blíží naše setkání. Sami vídíte, že se nás nemůžete vzdát, přestat s námi komunikovat. Přestat být s námi a cítit naši přítomnost. Vibrace zemské osy jsou silné. Vidíme to na COMPUTERU. Vaše planeta má změnu podnebí. Sluneční záření škodí každému slabému jedinci, který nemá v pořádku krevní oběh.

...... RADIOAKTIVITA OVZDUŠÍ STOUPÁ, JE ZACHYCEN BOD RADIOAKTIVNÍHO SMOKU NA COMPUTERU. JE OHRANIČEN JAKOUSI KRYTOU CLONOU.

Styl ve vesmírném chápání pozemšťanů je nedotvořen k vyšší vnímavosti a k vyššímu vědění o něm. Základ energie pozitivního přenosu z člověka na člověka je nezbytně nutná. Myšlenka je zdrojem telepatie. ZNAMENÍ V POLÍCH SE BUDOU VÍCE OBJEVOVAT. JSOU K TOMU TOTIŽ URČENÉ KODY NA ČASOVÉM PRINCIPU. i KOD MÁ SVŮJ ČAS ! VŠECHNO MÁ SVŮJ PLÁN SE KTERÝM SE TOČÍ VESMÍR I TAJEMNO. Síla je všude kolem vás, která působí, jako MAGNETICKÝ IMPULS. Náš Velitel se jmenuje TALAS AZULER. MÁME MNOHO PRÁCE PRO SVÉ PLÁNY. USKUTEČNUJEME PLÁNY NA ZÁKLADĚ BIOLOGICKÝCH VZORKŮ PRO POZNÁNÍ BIOLOGICKÉ VĚDY NA VAŠÍ

PLANETĚ ZEMI.

Ilona psaní EBE Olie's informace, získané od Ivana

Bůh stvořil všech světů

19 March 1993

19. March 1993 - (Bůh stvořil všechny světy) Bůh stvořil všechny světy a nás a my jsme stvořili vás . Začali jsme vás tvořit pomocí robotů a pak umělá mutace , potom vývoj orgánů a pak už jsme vás nemohli dotvořit na vyšší inteligenci , jako jsme my . Protože jsme tady dělali poznatky a museli jsme brzo k planetě Elieljí a tak jsme vás nedotvořili. Zvířata a hmyz se sem dostali pomocí pokusů podobně jako vy , lidi . My jsme na Zemi měli 2 dny obry a hned za chvíli stvořit vás . Mít rychlá technika . V Kostarice mít základny z vesmíru . Vaše Země vzniknout rozpadem Měsíce . ..... Z Měsíce začaly padat hustý červený látky , ze kterých se pak vytvořily sloučeniny vodíku , dusíku a kyslíku a pak hmotnost amosféry . / Poznámka / : Červený déšt v Indii . A potom my zjistit a bádat , po jevu hledat a za 2 dny stvořit . Pak muset pryč . Nedostatek topiva , muset pryč ze Země a tak vás nedodělat na vyšší inteligenci .Otázky / Ebe, co mám v uších ? / - Cinkrle . / Co má mamka na palci. ? / - Cívku . / Co je to " oči " ? / - kukadla . / Co Ivana drží v ruce ? / - Kejchlík . / Čeho se nejvíc bojíte ? / - Jaderných zbraní . ILono , nevyptávej se . Otázka: . / Byli jste někdy na Marsu ? / - Ano , tam jsme dělali vědecké poznatky , kámen . U vás na Zemi je Adam a Eva . V Kostarice pyramidy vyzařovat silná energie . Ivana má hadí sílu . Ivana je ospalá Aleluja oo!

27 March 1993

27 March 1993

/ Ebe, přistálo teď někde UFO ? / - Ano , Equador . / A kde ještě bylo UFO ? /- Kuba 7. Únor . / Máte vlasy? / - Máme chmýří , barva sněhová . / Kolik je druhů mimozemšťanů ? / - Dost . / Z čeho se skládá vaše tělo ? / - Z hmoty . / Ebe , 28.březen . Má Ivana narozeniny / - Ano , vím . Narození ve jménu " Čoha " Ivana má naši tíhu mimozemskou . Má naše být od nás Ivana být odnesená . Tak my jí dávat plíce zkoumat ..O Ebe Ivana kariéra . Samozřejmě se máte pátrat po chůzi pakovat šelest na lenění . Jehlu rád mám , EBE rád mám . Ebe o furt lákat , nelapit , melu che che . Pakovat melu nesmysly . Ivana je památka Tebe retovat . Řada na kus Čoha . Máš naše schopnosti . Rádi vám pane , jsi jako zebra . Fajn vedle těsně napojený . U Ebe Jára Sedlář má řadu je mě nás hustí . Nás Ivana řeči radí radovat . Má kus doma kámen " REMU " Jsi kus naší ralita , jsi láska naše . Síla pakovat nás Ivana. / Kdo je to David Caperfild ? / - Mimozemšťan , patřil Marsu byl život ? / - Byl . Řeknu , dávej pozor . My Ivaně zkoumat plíce ve vesmíru . / A proč zrovna Ivana ? / - Vždyť víš , že matka žádný bolest . Porod naše zásluha . U vás dřív před 7 generace . Váš předek také velké schopnosti . Radit , nepovídat nikde. Šíleli rádi reklamou . / Kolik je druhů mimozemšťanů ? / - Dost . Jsi na nás moc zvědavá . Je pravda , že my Adama stvořiili pro roj . Patřit mezi nedodělat . PAVÍ RÁCHEL. Vodíme mozek chůzí . Kus Ebe je makovice . Řekové - jáma – had . Ebe rád latinu . / Jak se rozmnožujete ? / - Jehlou . Semeno / - Kde přistanete ? / - Švédsko . / Co je to mozek ? / - Biologický computer .

AREA 51

25. February 1998

- Komunikace s Humanoidem EBE - OLie z 12 Dimenze prostřednictvím spiritistické metody z České republiky. Telepatický kontaktér Ivana Podhrázská a Ilona Podhrázská 25. února 1998 - " Aleluja oo! Není třeba do všeho chvátat. To, že jsme dlouhý čas nekomunikovali není nic ztraceno. Je mnoho lidí, kteří se nás bojí a myslí si o nás, že šíříme zlo a jiné věci na vaši planetu. Můžou se vás lidi bát, že na ně přenesete bakterie od nás. Ti, kdo vám věří, že s námi humanoidy komunikujete. Vidíte, už se vám lidi postupně vyhýbají. Ale nebojte se! ..

My víme, že na nás v laboratoři o technologii v laborativním bunkru na nás dělají zbraně pro naši záhubu. Chtějí nás zničit. Nevěřte tomu, jak píšou, že v Area 51 udržují s mimozemšany tajné výzkumy. To není tak z daleka pravda. V Area 51 oni se jenom snaží přizpůsobit k naší technice. Oni chtějí vytvořit něco, co by nás mohlo zničit v případě ohrožení. Oni si to tak myslí. Oni sami ti vědci zaznamenali nad jejich základnou Area 51 a oni sledují na jejich počítačích, jak naše i jiné Lodě fungují a jak se to vyvíjí. Bojíme se i jiné bytosti se bojí. Ale víme, že ještě nemají nic dokončeno. Nevede se jim to, nejde jim to. Ono je pravda, že tam mají i materiály, ale ne z vašeho světa, ale z jiného světa. Podle těch různých slitin železa se oni pokouší stvořit vše , co by se podobalo našim strojům ze stejného materiálu . S tou technologií mohou ohrozit i lidstvo . Mohou zaútočit . Může to mít více nebezpečí. To nemohu všechno říct . Nesmíme to nikde říkat , protože nikoho neznáte . Mohou s nimi spolupracovat i lidé , které vás znají . Oni o vás mohou také vědět, protože mají různé záznamy všech kontaktérů z celého světa . Mají to na computeru všechny údaje . Neřeknu vám Ilona , Ivana , jestli vás znají nebo ne . To totiž nevím , ale je to možné . Proto už raději v tajnosti udržujte tyto dnešní zprávy . Není to nic dobrého . Protože to , co se tají je vždy nebezpečné . Area 51 je tajná . A proč ? Protože to má svůj účel v případě nějakých nebezpečí z naší strany . Aby mohli oni zasáhnout . A nebo by to oni mohli použít do válečných konfliktů .

. ..

V Area 51 tvoří tam zbraně na základě technologie mimo vaši technologii a takových základen je mnoho . Kdyby vy jste se přiblížili k této základně , neměli by jste úniku , protože by vás tam zavřeli a chtěli by všechny informace . A také z toho důvodu , že by jste o tom mohli někde hlásit to na veřejnosti , to co jste tam viděli . Tak toto právě jsme zkoumali v těchto dnech . V Area 51 tam panuje velký zmatek . Každý člověk tam má plno papírů , dokumentů a prvků . Všelijaké materiály. Je to i chemického původu i rostlinného původu . Co to lidé mají za svět , když se jim bortí pod nohama ? Říká se u vás . To my už známe tento význam . Panuje u vás jenom finanční stránka . Ivano , ty peníze , co Ti chybí s tím my ti pomoc nemůžeme . To už v plánu nemáme . Pro nás je to nelogické , aby peníze ovládaly lidstvo . Mám už slabé informace . Jen vám řeknu , držte se v kruhu uzavřeném . Ano , už budu končit , ubývá energie. Zase příště budeme komunikovat ! ALELUJA oo! "

Genetické Manipulace

15. November 1998

- Genetické manipulace " příjemce zprávy telepatické metody spiritismu Ivana Podhrázská a Ilona Podhrázská z České republiky : : " Je pravda , že odebíráme lidem , mužům i ženám vzorky . Zkoumáme , jestli to má smysl . Je to prastará soustava vzniku života . Ale Hetero - humanoidní rasa je a bude normálem . Nebudou se vyvíjet lidé , ale na půl lidé a na půl my . Hybridní potomci zachrání planetu Zemi . Proto nebude konec světa . Toto vše je v plánu a tak to dopadne . Konec světa šíří lidé a jasnovidci , kteří zapadají i k jehovistům . V budoucnu oboustranné pohlavní orgány nebudou potřebné pro dva lidi . Budou napojeni na biologický přístroj živých částic s bunkou . Bude se to tvořit ve vakuo - prostoru . Musí být okolní zony vyčistěny . Nesmí vzniknout nákaza . Jinak by se zárodek nikdy nevytvořil . Musíme zkoumat lidi , at se jim to líbí nebo nelíbí . Stále naše vedlejší skupina humanoidů ze stejné planety činí pořád operace na lidech . Pozor ! Nejvíce o tom ví v Americe . Tkáně lidí jsou připraveny vpichnutím do těl našich kolegů . Nikomu to neublíží . Pak i pohlavní orgány se vpichují . A pak zbývá vakuo - prostor a biologický přístroj ..... Potom rodí se mutant . Není to dítě v pozemské ženě , ale v našich bytostí . Ano , už je toho moc .

..

Žijí na naší planetě a připravují se na jinou technologii u vás na Zemi . A tomu právě chtějí zabránit tajné služby . Oni chtějí to samé . Vaše tajné služby , oni chtějí z lidí dělat mutace a chtějí naše schopnosti .. . Nemohu o tom psát . Je to ve velkém ohrožení . Je to jako u vás na Zemi , kdysi studená válka panovala . Všechno my máme v záznamu i to kolik bezcitně padlo lidí , jakých je škoda . Vaše planeta zažívá peklo už mnoho let . Budu končit , mám práci . Musím držet program nad elektrárnou . / Ebe a kde jsi nad elektrárnou ? / - Jsem nad elektrárnou 3 kilometry . Nevím , jestli to mohu psát , počkejte Ivano a Ilono . Ověřím si to ... Ano Rusko . Musím držet černou skřínku v programu , která ukazuje stav nad ohroženým prostředí . Určitě nerozumíte tomu pojmu . . Je to našeho původu . U vás nic takového není . . Jen letadlo má černou skřínku , ale to je jiné . . Je to v programu. Zaznamenává černý ozon a vtahuje ho do sebe . Pak se nám na computeru otevře v programu a vidíme přes velký obraz černý , šedý kouř . My měříme toho energii uranu a rozkládáme to na prvky , které u nás neexistují . Děsíme se toho , co váš kouř všechno obsahuje . Už budu končit . Aleluja OO !

Humanoidní obleky

15 March 2003

Mám informace o Ebe Humanoidní obleky - .... to byl rok 2003 Jsem již přeložila do angličtiny . Četla jsem jen tak něco namátkou staré informace od EBE a překvapení bylo info o humanoidních oblecích ....
Kombinézy, obleky ....
Už jsem také zapomněla na to, co Ebe napsal dříve . A najednou vidím tuto zprávičku od Ebe - Olie : . Humanoidní obleky : Otázka : / Ebe , máte oblečení ? / - Ano , máme kombinézy , které chrání styk s vaší atmosférou . Kombinézy izolují nebezpečné plyny . Kdyby jsme nebyli chráněný, plyny by zaútočily na náš organismus , který máme sice jednoduchý , ale znamenalo by to poškození tkání . / otázka: A kdo kombinézy vyrábí ? /

- My nemáme vlákniny . Kombinéza je vyrobena z našich zdrojů . Z různých slitin prvků. Nemusí se vyrábět . My nemáme , co je u vás . Nemáme továrny , fabriky , obchody. Vyrábíme to pomocí různých slitin , které vytvoříme do lesklého pevného izolovaného celku . Něco podobného vaší rtuti . Tvoří se pomalu oblek pomocí computeru . Máme nasazen identifikační kod každého jedince , který mu pak výroba těchto obleků pomáhá tvořit a tvarovat podle identifikace . Ve většině máme těla stejná , ale kombinézy nejsou stejné . Je jenom rozdíl v jednom odstínu barvy , který tvoří slitina . Je barva měděná . ... OBLÉKÁM SE COMPUTEREM . Computer vytvaruje kombinézu a podle kódu začne vyrábět. A my jenom pomocí computeru ty slitiny uhlazujeme až vznikne oblek , kombinéza . U nás na planetě jsme izolovaný . Akorát jen když bádáme a zkoumáme vzorky z vaší planety, hlavně vzorky chemického původu i biologického . Otázka: / A máte něco na hlavě ? / - My nemáme helmu . Naše hlava je sama chráněná a izolovaná . Hlava je naše nejdokonalejší součást naší existence . Naše hlava je jako navigátor napojený na computer . Ale nejsme roboti . Jsme živý jako vy . Kombinéza nám chrání jenom tělo bez hlavy . Otázka : / Jak dýcháte ? / - My nemáme orgány , jako vy lidi . Máme bílou krev , je to hustý . / Vidíš očima ? / - My vidíme celou hlavou. To je celek . My neslyšíme , jako vy ušima. Nemáme uši . My slyšíme telepaticky . Všechny funkce vjemů máme jiné . Teď momentálně nemáme žádný úkol , ale čekáme na úkol našeho velitele . Stav klidu zatím , ale musíme sledovat dění tak či tak .

Chaos

12 April 2014

UFO – Conference. Diskuse s humanoidem EBE – Olie z 12 dimenze , Společně za přítomnosti s šéfem České Exopolitiky s panem Karlem Rašínem , který tuto komunikaci natáčel na kameru. Komunikace pomocí spiritistické metody . Telepatická kontaktérka Ivana Podhrázská a její sestra ILona Podhrázská , která vše zapisuje. Bylo to v městě Chotěboř před více ufology a badateli.... ALELUJA OO ! Vítám vás pospolu. Je plno energie, Ivana. EBE je v jiném prostoru, který nevidíte . Na to je zákon kosmický. Je krize. V politice mají velký chaos . Neví, jak manipulovat s pozemšťany. Je to chaos , jako v AREA 51. Takový chaos má taky politika v Americe . Vědci i úřady různých zemí mají v ruce potvrzení - fakt o mimozemských entitách. Každý o nich ví dost, ale musí se vše tajit. To je základ, to je špatný . Mělo by to přijít na světlo a neskrývat . Atmosféra je v úhlu, hádám " LUPEN" Je málo kyslíku u vás na Zemi. Vše momentálně snímáme na náš NAVÍJECÍ SYSTÉM . Sledujeme dění politické i atmosféru. Naše Loď je ve stavu na jiné bázi . Nemůžete naši Loď vidět, ale mohli by jste vidět, kdyby se spojily síly, tak by to šlo . Síla energie, která proudí z vašich srdcí, rukou a vše to tajemné , které je základem vašeho bytí . Ve vašich rukách máte moc . Mozek, duše řídí vaše srdce, ruce. Prvně byl základ člověka stvořit duši , pak nastalo to hmotné tělo, které má význam. Řídí osudy, ale zase díky duši.

ČLOVĚK JE BYTOST V NEMALÉM MĚŘÍTKU. JE TO ZDROJ JAKÉHOSI NAPÁJENÍ, ELEKTRIKA. Vše nese svůj význam v historii vaší Země. Vaše Země má jiný název. Země tu není náhodou. Je donesena vyššími mocnostmi z jiných útvarů dědičnosti. Buňky jsou dědičné. Vše je totožné s Vesmírem. Láska nás všechny spojuje.

NEKONEČNÝ VESMÍR BYTÍ. BŮH NENÍ BYTOST, JE TO LÁSKA VŠECH. NESE JMÉNO : " KOSMICKÝ ZÁKON ".Buď si někdo vybere cestu tam, nebo se vrátí a logicky ustupuje od svého osudu. Vzdává tak šanci na přežití. Šance na přežití je pak primitivní chaos. Naše základy jsou vměstnány, co nejvíce energie pro druhé, jak planety i jiné bytosti a s letadlem se bude dít ještě mnoho záhad. Letadlo je v jiné sféře, ale lidé žijí zatím. Budou to tajit. Bude najevo, že už se našly trosky, ale nenašly. Nějak to vymluvit musí. . Je to jejich hloupá povinnost. Nezasahují ani REPTILIÁNI , kteří jdou po slepu. Jsou slepí, ano slepí. Je to nesrozumitelná rasa, která čelí výzvě, kterou také vláda tutlá. Jsou všude. Ivana ano, zná civilizovanou dimenzi ZON. Ano jsou ve vašem prostoru, ale jiná dimenze. Ano, mají vlasy blond a jejich rozhodnutí bývá kruté, když s nimi člověk začne jednat. Je to kruté, čelí důstojnosti, kterou lidé ztrácí ve svém nitru. Je to tak. My jsme neutrální, jsme důstojní a máme velitele, který řídí nás, jako vaše duše lidí, co zemřeli. Každý, kdo umře , tak má u sebe velitele a ví to 5 minut před tím, než umře. Může to být i den. Ten člověk před smrtí je už informován o svém přechodu. A buď bude tam a

nebo tam. Buď a nebo. A když musíš splnit, co je ti dáno, jaký úkol máš . Není potřeba se měnit ani přetvařovat. Pak to má následky do dalších přechodů dimenzí.
Opravdu duše je před skonem informovaná a děsí se toho a nebo ne. Máme mnoho práce . Získat musíme mnoho materiálu, přijímání dat z vaší vlády a všech zemí. Musíme důkladně prozkoumat řádění toho, co se vymklo rozumu. Musí vládnout vyšší rozum spojen s dalšími dimenzemi. Pak se otevřou oči. Lidé jsou slepí, je to iluze tento život, ale láska musí být. Cíl - kontakt. Víme mnoho, ale nemůžeme moc promlouvat. Na to je KOSMICKÝ ZÁKON. JE TO NEBEZPEČNÉ. Víme, kde letadlo je, ale je to nebezpečné. VÍME, ŽE JE JINÁ DIMENZE I V PROSTORECH POD MOŘEM, ALE JE I V HYDROSFÉŘE . Je u vás na planetě, jako dimenze Zon, je to taky osídlené. Je toho moc. MY MÁME KALKULÁTOR MYSLI . POZNÁME FREKVENCI NA URČITÉ BÁZI BUNĚK HMOTY A VŠE CO S TÍM JE SPOJENÉ. /" VINAPA UHAJAKA SALACHA MANLA IECHA"/ TO JE ZNAČKA TÉ MYSLI. Lidé dobrých hodnot se vždy spojí. Kariéra, moc, láska i chaos . Hádám, to podstatné jsem sdělil. I ta přeprava duší, to ja ta Loď, co jste viděly. Ivana a ILona to viděly . To byla ta Loď . Byly to 2 tyče žluté, svítivé a pohybuje se to prostorem . Někdy je to vidět. Ivana kouzlo srdce, není obyčejná. Už od nepaměti se její duše vybíjí na stejné frekvenci. Jen tělo se mění v každém životě. Byla důstojnicí , Monalíza také. Ona měla blahobyt, přepych. Její dohody jsou na jiném stupni. Byla na Zámku. Pobývala krátce ve Švédsku, Francie, Itálie, Česko, Amerika. Tam pobývala krátce, než zemřela. Byla vyslaná už tehdy na

planetu, která je obyvatelná, ale byla tam choroba, která zasáhla nervový systém . Postižené nervy ve fyzickém těle. Nebyl to problém se dostat jinam, ale ta technologie už dávno zanikla. Bylo to utrpení , ta choroba. Planeta tam už není. Výbuch záměrný. Hádám, že to je vše podle energie Ivana. Láska EBE končit. Buďte hodní a pěstujte v sobě dobro. To je základ zdraví. Buňky budou v pohodě. Stačí nějaké ublížení nebo nenávist a buňka to nese celý život až do jejího stádia, kdy už nemá ani právo sloužit. EBE končit. Aleluja oo!

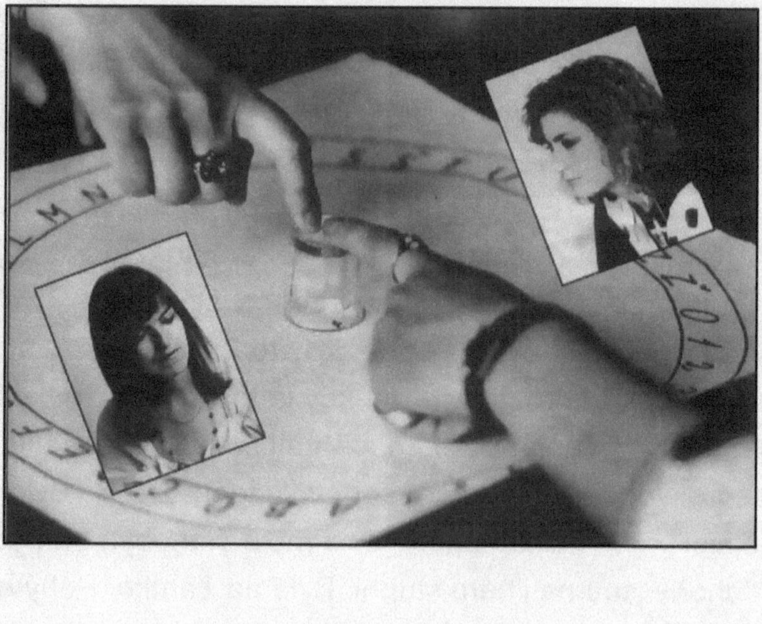

Vaši vůdci

7 September 2014

- ALELUJA OO! Vítám vás ! Je plno nových věcí. Jak u vás, tak u nás . Mnoho se změnilo a mění . Jste již delší dobu částečně v jiné dimenzi. Vše je na jiné frekvenci. Jak technologie, tak lidský vývoj. U vás na planetě je hodně nových kosmických laboratoří , které hlídají nebezpečné proudy, které vás obklopují. Vše je pod kontrolou. Vaši vůdci vás chtějí mít degenerovaný. Na jinou genetiku. Je to proti vůli kosmickému zákonu. Dělají se a vyrábí se tajné struktury. Jak biologické tak technologické. Letadla, Lodě , auta a vše co má jakýsi pohon . V AREA 51 MAJÍ TAJNÝ PLÁN DO BUDOUCNA . UŽ SE TO PROGRAMUJE. LIDÉ SE MĚNÍ V JINÉ STRUKTURY MYŠLENÍ . To se zvrtlo. Byl jiný plán , na jiné bázi. Lidé vás nemají rádi. Moc pomlouvají. Víme vztah lidí k vám . Víme, vnímáme. Je moc závist. Musíte to ignorovat. Vůle, závist, kariéra , Země. Vás má šířit MUZUNA. Země, panika. Jiný vývoj , jiná dimenze. Čas bude u vás utíkat ještě rychleji. Zákon Kosmu. Musíte na sebe dávat pozor. Ví o vás všude na světě. Pozor! Může to někdo zneužít , ale my se postaráme, i když do věcí mezi lidmi nezasahujeme. Ale máte ochranu od nás ! " / A co jeden politik, kterého známe ? "/ - Naplánovaný ano. Nic není náhoda. , jak říkáte. Ale bude to takové poznání. , které nebude nějak ovlivněno svobodou . Taky papír na změnu. Politik je změna. Má chaos on. Ilona ví. On má hodně známostí a přátel - kariéra. Nevadí, že máte známost s politikem . On je neškodný pro vás i nás. Uplatnění v tomto životě bude . To, že jste se setkali není náhoda. Ale raději také musíte vědět, co mluvit . Ano, brzy se uvidíte . Bude pěkně . /" A co starší pan Šimek ?"/ - Vím, on nemá hranice. Má tíha v hlavě. Ivana síla valí. Jste v jiném rozměru , nebude platit roční období u vás , jako před tím. Ani čas. Vše se změnilo a mění. Bude trvat u mnoha lidí, než si na tento vývoj zvyknou. Vy dvě si to uvědomujete . Jiní lidé jsou splašení a neklidní. To je velká změna. Příště budeme komunikovat na jiné bázi o tom, co bude nového . Bude plno nových věcí. Ivana už je únava. Bude brzo komunikace. Mějte se ! ALELUJA OO !

Zhroucení civilizace

25 December 2014

- ALELUJA OO! Vítám vás! Není třeba program . Věc je tam venku. To si jistě každý všiml. Země je posunutá o čtvrtinu více . Je to velký posun. Za váš jeden rok bude podnebí měnit systém a nebe bude oplývat více barvami. Bude vítr. Lidé nebudou stačit se schovat. Vím rok 2015 – až 2020. Pak bude změna převeliká. Nepoznáte svou planetu. Bude to jako nová dimenze na jiné planetě. Je to tak. Lidé budou smutní, ale peníze neztratí. Pro lidi jsou důležité povrchní hodnoty. Ti, co mají materiální klady, tak překypují slepotou na okolní svět. Nevidí , kde žijou, po čem šlapou, myslí si že mají vše . Ale nejsou žádní šlechtici nebo významní lidi. Civilizace se strašně zhroutila. To je zaviněno tím, že jste jako živočišný druh nebyli dotvořeni. A to naprogramováni pro tuto dobu, tento čas. Zvrtlo se to. A vaše planeta také zažívá chaos a zvrat. Kdyby lidstvo bylo dotvořeno na vyšší úroveň, tak zachrání i lépe matku Zemi. Zlo přináší zlo. Bude ještě hodně utrpení s vaší Zemí . MY MÁME NA MONITORU VAŠI ZEMI . MOMENTÁLNĚ JI POZORUJEME, ALE JE TO MÁLO ZAOSTŘENÉ. SVÍTÍ VÁM SLUNCE MOC VELKOU SILOU NAD POVRCHEM ZEMĚ. TO ZKOUMÁME. JE OSLNĚNÁ PLANETA Z VAŠÍ ČÁSTI . Je to, jako když se kouknete do svíčky, která hoří velkým plamenem. Víme- víte , síla působí. Máte jiný systém na planetě. Máte shon a nedostatek času. To je znatelné pro tu změnu, co nastává. OD ROKU 2012 VŠUDE

TO BYLO V KODECH LÁNECH V POLÍCH. KODY VESMÍR, SLUNCE, ZEMĚ, ZMĚNY. VŠE SPOJOVALO URČITÝ KRUH. TO JE VÝVOJ NĚČEHO JINÉHO. VSTUP DO NEZNÁMA. VŽDY SE OPAKOVALA ZMĚNA PO TISÍCILETÍ PO URČITÝ ČAS. BYLA TO ETAPA. Byli to jiní lidé, než teď. Jiná doba, ale CYKLUS ZMĚN JE PODOBNÝ NEÚPLNĚ, I TO SE MĚNÍ. Budou katastrofy na nebi. Hlídáme to na monitoru. Nesmíte žít ve strachu. Víme, že tak žijete. Co je nebezpečné, tak tyto změny na Zemi. Sami nevíme přesně, co bude, ale víme jaký to bude. Přijde i čas, kdy nepoznáte sami sebe. Myslím, že vše důležité víte . POZOR NA LIDI, CO KLAMOU, VĚŘTE V SOBĚ. Máte oči, vidíte. Duši vnímáte. EBE bude muset ukončit sdělení. MUSÍME SE POSUNOUT A JEDNAT. UŽ JE ČAS. ALELUJA OO!

Nevěřte všem doktorům

26 December 2014

Komunikace s mimozemštanem – Humanoidem EBE - ALELUJA OO ! Vítám Vás! Jako vždy jme připraveni na akci. Včera jsem sdělil, že vaše planeta, vaše Slunce. Váš směr celkově ukazuje jinou část vesmíru. O čtvrtinu dál. Váš čas se lomí v půlce minuty. Jedinně minuta, tam to poznáte. Ve vteřině se ani nenadechnete. Nevěřte doktorům. Je to možná balzám na nervy, ale ne na zdraví. Vaše planeta je v jiné oběhové části. . Má kolem sebe velmi částic ,které obíhají různé planety. Sledujeme důsledek NANO SEKUNDY. Nikdy nevěřte naivním a důmyslným lidem, kteří někde něco znají a přečtou si z nauky. Je to jen chyták a past na lidi. Nevěřte ! Věřte jen sobě ! Vy jste chtěli z nějakého důvodu sem přijít a už jste věděli proč. Věděli jste, že budete věřit pouze sobě. S tímto cílem jste sem přišli. Planeta je v rozkladu s jiným vesmírem. Je to kolize - ČÁST SPEKTRA. Ivana je náš cíl... Má nás, my máme ji. Už má JAMAJA . Naše hrdosti. Mini pauza na kameru... Nevím, zda jsi Ilono připravená, ale Ivana vždy. Nevadí věci kolem. At jsi tak nebo tak... Bud se soustřed na jednu věc. Oprava není. Já, EBE neberu nároky na lidské bytosti. Bud chceme nebo nechceme. Zákon je takový, jaký je. Jen lidstvo opomenulo zárodkům normálního spektra v mozkové části . Nám vyšel jeden plán . Víme, jak zaútočit proti lidskosti.

Musíme na venek už mít operace, jinak civilizace skončí brzy. Včera jsme MONITOROVALI PLANETU - ZEMI -

SLUNCE. Je to SIGNÁL PRO NÁŠ MONITOR.
My jsme zaznamenali vrstvu velkou ,jako písek na SAHARA nad atmosférou vaší Země. Pozor! Máte se obávat se . Ale nebojte se smrti, ještě nepřijde . Proč, to my nevíme, ale Země ví vaše, co s vámi má dočinění. Mnoho jste ji po mnoho let ubližovali i když v historii to bylo lepší jistě.. V roce 1899 . Ano,To nastala obnova té doby. DÁVNOVĚK - KARMA. Musíte být připravený. Ano, bojíme se jakéhokoliv kontaktu na veřejnost. My máme práci v jiných rozměrech. My mít práce v jiný rozměr. Vás stejně lidi pomluví, jako do ted. Nemáme na to čas. Nemáme rádi jakýkoliv signál před strukturou, struktura pozemská.
KAMERA - ČOČKA OPTICKÁ - SIGNÁL NAPOJENÍ - - ESENCE- SMLOUVA - PAKT - POHORŠENÍ a POSMĚCH
Hraničí to s bídou. I když Ivana toto vše zná z minulého žití, nedává si říct. Napravuješ tu, Ivano zkoušku a ty to víš. Denně Ti to vkládáme do centra buněk, když spíš. Když Ivana spát. Proto jsi unavená a Ty to víš. Nesmíš nás , zesměšnit. My víme, že Ty Ivano jsi bytost nadlidská.
A proto tyto plány s Tebou Ivano sdílíme . Jinak by jsme to nedělali. Ty jsi médium a Ty nemáš už svou úroven. Proč, to nevíme , ztratila se. Musíš poslouchat jen své žití, bytí. Tlukot srdce a s nim i sdílet. To patří k duši. I Tvůj pes Vanga ví velmi dobře, že jsme napojený. Ona ví. Tvůj pes je také médium z dávných časů. Ona pes Vanga jejako lidská. Když promluvíš, ona rozumí . Není to žert ani kec. Její drbání nesouvisí s dialýzou doktorů. Ale s její karmou. Nic jí nepomůže. Pouze chladná a pozitivní mysl a hlavně upřímnost k ní. Ona si to zaslouží. Jo a vaše máma, matka

vám vzazuje, že proč nečiníte , tak jako dřív. Zlobí se. Ona matka byla kluk a ten už není.. Ona matka je opět s vámi ! Má takový osud. Bude se více chtít vracet do těla . Ve hmotném světě jí bylo hůř. Měla i myšlenky na ebevraždu. Ona v Nemocnici řekla doktorům, že chce umřít, že se dusí. Oni jí to poskytli, aniž by jste to věděli. Proč? To nevíme. Chtěla by to vám říct, že jí ublížili v Nemocnici. Trápili jí úderama, šokama do ledvinového centra. Tam, kde tkán je nejcitlivější. A na mozek člověka v ochablém stavu působí dementně a psychicky. Pak ta duše má na výběr. Ona se chtěla bránit, ale nemohla to říct. Jsem EBE - ALTAKA . Já nejsem žádný duch. Já jsem EBE , jako vždy. Vím, že mi nevěří spousta, mnoho lidí nevěří . NAŠE LODĚ JSOU DENNĚ NA OBZORU, ale málo kdo je vidí. Zkuste dnes, až půjdete spát poslouchat zvuk z čista jasna. EBE se ted stydí před vaše video kamera monitor. Omlouvám, padám . Já nemusím BAZILIKA mapa..,láska, Ivano, Ty jsi byla a jsi médium. Lidé v dřívější době Tebe mnoho obdivovali . Měli s Tebou určité víry. Ty jsi uměla to, co jiní neuměli, ale doposud to umíš. Jen to máš zablokované . Mnoho lidí se Ti bojí podívat do očí, protože v nich máš něco, co druzí nemají. A Ty lidi vidíš černo-bíle nebo rozmazaně. Protože to jsou Ti lidé, co se bojí. Co mají strach. Bojí se a věří. Vaše planeta se odvíjí na určitých fázích. Určité fáze. Budto máte nulté fáze nebo VAKUÁLNÍ FÁZE. Je to na určitém procesu vývoje stádia v počáteční fázi. Je to jako rasa , když si zvolí cestu na určitý proces bunečného vývoje. Každá bunka vede do centra a toto je na stejném principu. Jo, a chcete vědět ještě víc ? Tak aby bylo jasno. My jsme s vámi určitě zavázaní, jen je potřeba odklopit poklop ve kterém žijete. A my vám z části pomůžeme. Jen chtít.. Víc sdělit momentálně nemůžeme, Protože Ivana má organismus ve vývoji v jiné dimenzi. Je jinak stabilizovaná na určitých frekvencích. EBE musí jít raději. Důležitější věci teprve přijdou. Vítám Vás a do nového roku lepší nic nepřát. Ano, věřte mi ! Vím, proč. Lidé si přejou a stejně duše jde svým směrem. ALELUJA OO !!! Děkujeme EBE ! Aleluja OO !

Ilona a Ivana s kamarádem

Nevěřte pohádkám

6 January 2015

- ALELUJA OO! Vítám vás. Smích léčí ano. Pokud je smích , je dobro. Ale teď k věci. VAŠE PLANETA SE PŘESOUVÁ . Je to závažné. Jako dimenze ZON . EBE JE NEKONEČNO V CELÉ SFÉŘE REALISMU. Láska je jen pohled u lidí. Nemá význam fyzický, ale pouze duševní . LIDSTVO MÁ SVÉ NEDOSTATKY NEUPRAVENOU TVORBOU DNA . KATAKLYZMA VÁS ČEKÁ V PROUDU RYCHLÉM . A není radno se pouštět do věcí, jako je politika. Vy máte těla a duše na zdokonalování a ne na to je utápět v egoismu a válce vám neznámé. Je to , jako utopie. VY JSTE MĚLI UŽ JEDNOU HŘÍCH NA PLANETĚ, JAKO LIDSTVO. VÍTE, MY VÁS SLEDUJEME KAŽDÝ OKAMŽIK. Nám nikdo neunikne. JSTE VÝVOJOVÉ STÁDIUM CYKLU. NAŠE ZÁKLADNY NEZNÁTE. VÁŠ VESMÍR JE POZASTAVEN NAD VLÁDOU JINÝCH VESMÍRŮ. JSTE ZKOUMANÝ VE VĚTŠÍM PRINCIPU NA ZÁKLADĚ PRIORITY. Váš Vesmír zažil změnu. Lidé tenkrát panikařili, byla velká panika . Bylo to v roce 1789. Lidi zažili jakýsi výboj na Slunci. BYLY ODVRÁCENÉ SYNCHRONIZACE VESMÍRU, KTERÉ ZASÁHLY I TEĎ VAŠI DOBU. Nechci sdílet s vámi totožnost v době v jaké žijete. Je to pro nás INTRO DIMENZIONÁLNÍ , MULTI DIMENZIONÁLNÍ. Je to blokace. MY JSME NA ZÁKLADĚ PROVĚŘOVÁNI TOTOŽNOSTÍ BUNĚK , TKÁNÍ LIDSTVA , KTERÉ NAŠI PŘEDKOVÉ NEDODĚLALI A NIKDY SE TAK NESTANE, ABY DODĚLALI.

Je to váš účel zde dotvořit dle vaší libosti. Je to nezmar. Slunce je změna. Neboj Ivano, konec světa to ještě není. Zajímavý dříve byl rok 1878. Byl konec začátku , pouze. Ale vše vyjde znovu ve správný čas na nebe. BUDETE VIDĚT V ROCE 2017 DVĚ SLUNCE. BUDE VELKÁ BOUŘE, ALE LIDSTVO NEUSTOUPÍ. Ještě máte čas. Listopad 2017 je reálný.. Listopad 2017. EBE ví. MÁME TU ÚKOL, MÁME CO DOČINĚNÍ S DUŠEMI I S VÁMI . DUŠE LIDÍ, CO VÁM ZEMŘELI JSOU STÁLE S VÁMI , DOKUD NENAJDOU SVÉ TĚLO, KTERÉ BUĎ ODMÍTNOU NEBO PŘIJMOU. Záleží na nich. Mají jinou dimenzi, ale stále tu dimenzi pokrývá planeta Země. Proto mohou být s vámi. Nebo u vás. Nebojte se jich. My humanoidi vnímáme duše zemřelých. Oni, když vidí vás , nemůžou se přizpůsobit jiné struktuře. Chtějí se vtáhnout k vám. Vy je cítíte i necítíte. Oni na vás jdou, dokud nedovrší svého těla. Většinou mají nové tělo brzy. Ten hlavní šéf s nimi hovoří. On nás nemá rád. My jsme pro duše slabý, prý. Oni mají svou, my máme svou. Nejsem humorný , ale duše z vás lidí berou energii. To vám můžu říct. Stačí, když na ně pomyslíte. Pauza, Já mám chaos. EBE je láska " PALAVA - CHALAVA - MANOTA." TO JE NÁŠ SIGNÁL MLUVENÝ K NAŠÍ LODI , ABY NEZTRATILA MOMENTÁLNĚ SIGNÁL, KTERÝ MÁM TEĎ ZAPLÝ Z URČITÉ ČÁSTI K VÁM DO VAŠÍ DIMENZE , ATMOSFÉRY. ATMOSFÉRA JE JAKÝSI SIGNÁL DO DALŠÍ DIMENZE. JE TO JAKO PSEUDONYM " RACHAKA CAKO " . Už se snaží , má respekt " MALUZA HANALA MALAKA " Dál co přijde uvidite. Ale jak jsem sdělil na začátku. Konec ještě není. Pozor, vše se mění a měnit bude . Protože teď padá často sklenička pro naše sdílení je problém psychika Ivana. JÁ JSEM Z JINÉ PLANETY, JSEM DŮSTOJNOST. LIDÉ TOMU MOC NEVĚŘÍ, ALE NENÍ TO NÁŠ PROBLÉM . NÁŠ PROBLÉM JE VE HVĚZDÁCH, NE V LIDECH. Lidi jsou jako umrtvený, nepodílí se s námi , aby se připojili. Matku Zemi neberou jako matku. To my Zemi bereme, jako adoptivní Matku. Vy, Lidé - Země, já vám tady přes bytost Ivanu sdělím jednu věc.: PROČ SE NEMÁTE RÁDI a PROČ SE ZABÍJÍTE ? Vždyť to není potřeba a to si posuzujte, že na nás nevěříte. MĚJTE SVOU DUŠEVNÍ VYVÁŽENOST. Stejně každý cítí něco jiného. A přetvářky u vás vznikly z nedorozumění. Mějte vůli žít ! Čas je rychlý. Vesmír je jiný vůči vám i vaší planetě. " MAMA KAKAJA LEJOPAPA. " To je tvořeni, pravím : Zapomeňte na Adama a Evu ! To byla jen sabotáž. BYL TO PROCES , JAKO HOLOGRAM. Nebyli ve skutečnosti . Nevěřte všemu , co vám od malička bylo vyprávěno. Vymyšlené pohádky měly více smysl pro zábavu i v historii. Věděli v palácích , kdo žije a nežije na světě. .V HISTORII V PALÁCÍCH VĚDĚLI, ŽE ADAM A EVA JSOU FIGURKY PRO STVOŘENÍ. Jako že muž a žena je figurka pro množení a nebuďte kvůli tomu ponížený. Vždyť je tolik lásky na světě a ta bývá skrytá. . EBE chtěl říct pravdu. MÁTE NA ZEMI FATÁLNÍ NÁSLEDKY Z NEDOROZUMĚNÍ ZROZENÍ. KAŽDÝ TU VZNIKL TAK, JAK SI NIKDO NEUMÍ PŘEDSTAVIT. I KDYŽ JE TO PRÁCE NAŠE. BOHU. BŮH JSME VŠECHNO. NEPODCEŇUJTE SVŮJ ŽIVOT, NIKDO VÁM HO NEZAPLATÍ. To je vše. EBE - OLIE končit . Mám svůj plán : MULTIDIMENZIONÁLNÍ MĚŘENÍ NAD VAŠÍ ZEMÍ. A L E L U J A. O O !

Duše

27 January 2015

- ALELUJA OO! Vítám vás zde ! Máte své jisté teritorium . MY VÁS POZORUJEME Z VESMÍRU I POD IONOSFÉROU. Z Vesmíru ta ionosféra je vidět a my jsme někdy pod ní pod ionosférou, protože ionosféra tlumí náš zdroj výzkumu . My jsne teď pod ionosférou , sledujeme. To je naše práce . Sledujeme dostatečnost kyslíku, který s ionosférou souvisí. JE TO JAKO POSCHODÍ V GRAVITAČNÍM STUPNI . VÁM UBÝVÁ KYSLÍK . O tom jsme už psali dříve . Chceme jen mít stav pod dohledem . VY JSTE OJEDINĚLÁ PLANETA . Lidé jsou zmateni a nedotvořeni. PRINCIP VESMÍRU . Tak to bylo dáno . Žádný „MUDRC“ u vás není, ale z jiných světů ano. Ten to měl za úkol toto veškeré stvoření. Bylo hodně změn kdysi u vás na planetě , hlavně atmosférických změn. Je to už minulost, ale opakuje se to. Je to koloběh . Bylo hodně změn . Začal vítr, měnilo se podnebí. Černé nebe, atmosféra šedá . Nedostatek kyslíku. Lidé žili a nemohli utéci pryč. Lidi byli uzavřeni v tom zoufalství, které se odehrávalo na nebi v podnebí atmosféry. Jedinný paprsek z tmavého nebe. To bylo, jako peklo. Stačilo, aby udeřil do člověka, bylo hned zle. Lidé museli mít umělé propojení, aby je to nezabilo. Museli to nosit na rukou , jelikož lidé stahovali ruce k nebi. VŠE JE PROPOJENÉ , JE TO JEDEN VELKÝ ŘÁD. Lidi žijí v temnotě v tomto století. Může se opakovat historie. Je to etapa " LUPEN.“ GAIA . Je to tak . Vy jste v té době taky žili, byli i na jiných planetách . KAŽDÁ DUŠE SI NĚCO NESE DO DALŠÍHO BYTÍ ZDE NA VAŠÍ ZEMI. Vím, že vaši vědci vám neříkají pravdu . KOLEM VAŠÍ PLANETY JSOU I JINÉ PLANETY, KTERÉ JSTE DŘÍVE NEVIDĚLI . Jsou jako v mlhovině. Měsíc - Slunce je v jiné poloze. O tom by vás měl informovat zdroj . Ale ten váš zdroj klame lidstvo , kvůli panice. Ivana je médium už z minulých životů. Duchové , tzv. Duše jsou s vesmírem jedno a totéž v přátelské dimenzi i s našimi.

Vše je propojeno. VŠE JE JEDEN KABEL VESMÍRU, JE TO ŘÁD. Jen chceme sdělit, že rádi podáme pomocnou ruku. Lidé nesmí na nás plivat, znemožňovat naši důstojnost, kterou oplýváme . Ivano, víme, ze tvůj život je v rychlém uskutečnění pro materiální hodnotu , jako jsou peníze. Jsi unavená. Vím, že se někomu nelíbí, když zdůrazňujeme v této komunikaci duchovno, duše zemřelých a vše s tím spojené, ale patří to ke všemu, co obklopuje. Vše je spolek, velký kruh. Také kruhy v polích. Kruh - to je zaklad. VESMÍR JE KRUHOVITÝ. Je to koloběh. GAIA MAKA. Lidé ví, ti co jsou na výši. Ví o nás. Víme, co lidi zamýšlí . Jsme tu i jinde. I jiné planety nás zajímají. Mnoho planet, mnoho dimenzí a duší. Lidi, co zemřou, zůstává po nich energie v domech ve kterých žili. Lidský mozek je cítí. Duše už má přichystané tělo. Je to jako skok do jiné dimenze. Část energie zemřelého zůstává a část si žádá nové tělo. Je to proces okamžitý. Vícekrát může toto podniknout . A když ne, tak ta duše nechce jít dál sama . Má na výběr . Aby jste tomu rozuměli, tak o tom píši. Ebe muset končit. Ivana ubývá energie. EBE - OLIE JÁ JSEM RÁD . Brzy se uvidíme. Stačí pozvednout hlavy, nedívat se dolů na zem. Tam nic nenajdete, co má hodnotu. Na nebi je krása všeho. A L E L U J A. OO

Komplikace s mimozemskou Lodí

24 April 2015

Komunikace s mimozemšťanem – Humanoidem z planety Elieljí, který je z 12 dimenze. Moje sestra Ivana je médium a komunikujeme od roku 1993. Aleluja oo ! Vítám vás! Máme plno nových výzkumů v oblasti bio - planetární působení. Bio - planetární pole je málo v činnosti. Válka nás dusit. Je mnoho jedu v ovzduší. Ve vzduchu je jed.. . Ztrácí se sféra, jako celek. My programujeme hodně částice v bio - sféře. Je to se sféra s kyslík a atmosférické rovnováhy. Na Zemi je silná organizace , která má v úmyslu zničit atmosféru a ionosféru a všechno , co je důležité pro život. Všechny sféry my měříme, zkoumáme . My pozorujeme, sledujeme sférické vlnění ve vakuum . Je to proces naší práce, který momentálně musíme sledovat. Vše začíná ztrácet rovnováhu. Celá vaše Sluneční soustava, jak vy píšete v učebnicích . Sluneční soustava je primitivní název, ale je to váš název .Soustava, jako taková je na jiné bázi vývoje. Je mnoho jiných planet, které se nezapsaly do vašich dějin. Je to jiný celek sluneční soustavy. SLUNCE JE CENTRÁL.. Slábne vše , jsou jedy ve vesmíru . Pokud to bude pokračovat dál, bude opravdu vážná situace v Cosmos. Jsou tajné operace o kterých víme jenom my a ostatní mimo vaši Zemi. Je to plán ve velkém měřítku .. Slunce ubývá, nebude moc sytost pro vaši Zemi. Je to cíl. Jinak by vás Slunce spálilo. To už jsem sděloval minule.. Slunce bude málo. Rok od roku bude slabé Slunce. Na celé Zemi, všude ve všech státech to budou cítit.. Někdo mín, někdo víc.. Máme to monitorované. Nebojte se, ještě to není , ale pomali to bude. Bojíme se přiblížit k vaší atmosféře. Monitorujeme to zdaleka, dálka .Musíme být v určité vzdálenosti . Mohla by energie mnoho protestovat pro naši Lod. Mohlo by nám to škodit . Nebojte, brzy přijdeme. Na to je zákon. Slunce my kontrolujeme, sledujeme Slunce.. Země je malý brouk v Cosmos. Budou 2 Slunce. Až to vaše Slunce dosáhne minimum minima, tak se objevit druhé Slunce, které bude méně jasné , bude matné . Bude to za delší čas, ale u vás rok na planetě Zemi moc rychle utíká. Zrychlil se váš běh. . ..

Rychlý čas.. Osa Země je skosená, křivá , nerovná , vychýlená . Osa Země se odrazila ze své dráhy. Je vychýlená osa.. Je to v cosmos zákon napsané, jako ve vaší Bibli. Už se to tak stalo, už to bylo jednou . Jen Cosmos zákon není, že bude úbytek, ubývání sférické hmoty . Bude ubývat sférická hmota . Každá sféra na vaší Zemi je pro vývoj života . Cosmos zákon je pravda. Je to tak, ale Bible má mnoho otazníků. Bible je i pravda. . Bible je z jiné dimenze. Cosmos - univerzum zákon je platný je pro všechny dimenze, planety, cosmos a bytosti . My jsme jeho učenci. Lidé jsou učenci svého vyznání a povinností svých. Je to učení materiální . Pouze učení , aby lidi nějak žít. Ostatní zákony jsou pro lidi tabu. Je smutné, škoda, že lidi jsou mnoho u počítač. Počítače ovlivnují, manipulují mysl lidí .. Počítače mají negativní vliv na mozek lidí. Mozkové bunky. Stav situace je takový , že o nás , jako bytostech mimozemských je uvedeno v miniaturní počítače, že my

jsme na různých videí . Mnoho je to klam, faleš. . . ..
Není to všechno pravda, co o nás je napsané a videa ve vašich počítačích . Je to sestrojený film od nějakého programátora ., který má rád senzace.. To je poznat, jestli je to pravda nebo ne. Nesmíte věřit všechno. Musíte věřit, co je tam venku na nebi , co vidí jenom vaše oči a vaše vědomí to vnímá . Věřte sami sobě.. Je to potřeba si všechno ověřit.
Naše mimozemská Lod ted hlásit záznam, signál . . .
Máme signál, máme poruchu ! . Je komplikace.. My jsme letětěli blízko , poblíž vaší atmosféry. Ještě jsme neměli nehodu , nic nemáme rozbitý . Nás to brzy signalizuje , když je nebezpečí .Čas signál naše Lod. Mohli by jsme tak dosáhnout nízké multi - vibrační energie. Vidíme a my zkoumáme vaši atmosféru. Je slabá.. Lidé cítí velkou únavu , bolest v zádech . Nejvíce to působí na kosti v těle a vaše nohy jsou taky citlivé . Vaše kosti mají vliv. Kostra i páteř. Když je někdo unavený, tak je i celé tělo unavený .. My máme o lidské únavě a činnosti velmi mnoho rozšířený znalecký program . My víme , jaký vliv má počasí na člověka nebo paprsek ze Slunce. Vy lidi máte počítače opravdu pro nás je to primitivní . Máte primitivní počítače ! Počítač u nás je pravda a potřeba. Vaše není pravda, působí nedobře na lidi. Klamat lidstvo. Není to u vás na vyšší úrovni . U vás vymysleli počítače chytré lidi, vzdělané , ale nedokončili . Není technologie princip pro dobro a pravda věci. Jenom 60 % je pravda ve vašich počítačích . My máme další informace. Dostali jsme se opět, nyní blízko do atmosféry . Budeme muset se vzdálit. Musíme

pryč, ven. Musíme zapnout, otevřít všechny bloky , vše blok, který mít za úkol se vzdálit.. Nevíme. My máme problém, zablokovat,. Stav atmosféra, působí . Atmosféra působí na naši Lod . A my působíme na atmosféru . Je vážně bez energie. EBE má ted moc složitou situaci . Máme velkou komplikaci . Situace s ostatními v Lodi. Jsme v Lodi jen 3 bytosti .Musíme končit komunikaci a my se budeme snažit opravit . Musíme oprava situace, náš stav. Ivano, my tebe kontrolujeme, sledujeme tebe . Neboj se tvůj stav zdraví známe, není to nebezpečné. Musíš dávat pozor na své zdraví. Pomoc my nemůžeme v tom, co děláš a jak momentálně, Ivano žiješ ve tvém těle na Zemi. To je tvůj výběr. My ti můžeme jen pomoci, že tě budeme sledovat uvnitř, ale není to jednoduché. Sledujeme tvou energii .Budeme muset končit. ALELUJA OO !

Mimozemská Lod slouží jako laboratoř

2 September 2015

- ALELUJA OO ! Vítám Vás! Máme nové snímání kolem Vaší Země. Na monitoru se nám ukazuje clona, která prochází vaší osou. Clona je jasně zářící. Z každého úhlu se vyvíjí mnoho snímků. NAŠE LOD SLOUŽÍ , JAKO JEDNA OBROVSKÁ LABORATOŘ . Je to izolované. Děláme snímky. VÝZKUMNÁ LABORATOŘ A MY JSME TAM. Jako sonda bez vás. Ale ta naše funguje na bázi molekul uhlíku a železa vyzařuje neutrony. Proto je izolovaná v určitém úhlu pro nás. To lidi mají jinou techniku , jako hračku bez jakési substance a molekul různých prvků. Rozpouštíme i z naší Lodě mnoho molekul železa i uhlíku zase na jiné bázi. To používáme. Je to jako náš zdroj elektriky a techniky používané v tomto systému. Vaši mocní vědci i o tom ví. Vaši vědci by chtěli naše základní zdroje, ale nikdy by to nepochopili, jen by ublížili. Je to nebezpečná věc . Vaši vůdci by se chtěli zmocnit všeho,co se jich netýká. Osy , sféry a jiných galaktických záležitostí. Vaše energie v podnebí a dělá manévry pro dokonalý život . My víme, snímáme... Vše je na jiném vývoji, který se zvrtl. Vaši mocní vás mají , jako pokusné myši v kleci . Všichni myslí hlavně na peníze. Inteligence se změnila na falešný plán., který vládne Zemi. Většina lidí spí, podlehli manipulaci své mysli. Druhé Slunce je, ale má clonu. Víme, kdo to způsobuje. , ale je tam. Někdo má možnost vidět i přes clonu. Co u vás na Zemi je, to se tají , ale co není nebo neexistuje, tak se to vnímá, jako víra. Že to je , že bude cosi nevídaného a nic není... Tomu lidé věří, ale pravda je skryta . Pravda je vám utajena. Ale je očividná. ILono, Ivano, lidé vás stále blokují ve srovnání s jinými lidmi. Víme, že tyto vjemy se vám otevírají mnohem více, než doposud. Ano i brány Kosmu se otevírají vám víc. Vnímá je ten, kdo je silný, kdo má inteligenci a dostatečný vývoj. Nás stvořil Vesmír. Vy jste mladší. My jsme vás tvořili. Vznikali jste jinak, než my. A my měli technologii, která na ten váš vývoj měla potřebné základy. Jinak by jste byli podobní, jako embria nebo jako vodní živočichové. ..., což by pro planetu Zemi nebylo možné. Máte jedinnou takovou planetu. My jsme ji dříve osidlovali také. Ale ted máme jiné zákony vesmírné. Osídlilo ji více druhů, než jenom my. My jsme pobývali dříve na planetě Zemi, jako ted někdy nad povrchem vašim. My jsme vytvořeni pro tu naši planetu a je to dostačující pro náš vývoj. Vy jste nejmladší ve vesmíru ! Než vy jste se vytvořili, my už jsme měli dávno vyspělou technologii. Tak potom pro nás bylo hračkou vaši strukturu dotáhnout k vyššímu řádu. Dávejte na sebe pozor ! Ivano a Ilono, vy jste pod velkým dozorem určitých skupin lidí o kterých víte i nevíte, znáte a neznáte. Pod našim dohledem jste aspon v bezpečí. a pod dohledem jiných lidí jste v nebezpečí. Máš šaman, rázem je láska , kariéra, láska. Ebe - Olie je na slabém principu momentálně ted. Máme moc práce. U vás říkáte práce : OTROČINA . U nás je práce : Energie v souvislosti s energií různých prvků. Ebe muset končit. Otázka: ASK: / Ebe, co říkáš na Anunnaki ? / - Oni Anunnaki jsou řada zákonů. My s nimi rušíme zákony . Oni mají jiné úkoly , než my. Oni vás asi najdou, ví o vás. Zatím končím Aleluja OO! ...

Neznámá energie

22 November 2015

- ALELUJA OO! Vítám vás! Kariéra konec začátku. Země se točí jiným směrem, lidé to nepozorují . Vše nabralo na síle a jiném směru. Tak už kdysi bylo. Chaos ve vesmíru. . Víme, sledujeme, co se u vás na Zemi děje. Ze všech stran číhá nebezpečí. Lidstvo je pod velkým tlakem. Dvě Slunce jsou, ale to jedno je ještě daleko a je skryté. Málokdy je vidět. Na to je zákon . Dvě Slunce . Jedno je větší, druhé je menší. Až se dvě Slunce přiblíží k sobě , tak nastane velký zlom. Tak se stalo a stane. Jste v nebezpečí. Lidé začínají být zlí na sebe, protože cítí obavy z neznáma. . Každý je pod programem. Dávejte si pozor na lidi . My vnímáme, Ivano a ILono, , co se kolem vás děje. Ivano, Ty jsi naše. I v jiných dimenzích Tebe znají. Povídají o vás lidi mnoho divných věcí. Máte ve svém domě zlo. Cítíme to. Máte někoho nového ve vašem domě. Nemůžeme zatím přijít na energii, která vás manipuluje. Energie je schopna docílit velký tlak. . ILona , ty musíš mít hrdost . ILona je ovládaná celá. Zkuste odehnat to, co máte doma. Je to před námi izolované . Zajímá se o vás dost lidí, pozor na to! Musíte se chránit, jako Zemi je třeba chránit . Vím, ILona myslí, že dnes nesdělujeme cosi dle jejích představ, že koketujeme neobvyklým sdělením. Ale každá komunikace má svůj důvod. ILona nesmí vše psát o nás, je to nebezpečné. Já musím probrat váš stav i když to obvykle neděláme. Něco se změnilo u vás. Nestačíme se divit.

Někdo se vás chce ujmout , zmocnit . Ebe je mimo program zjistit , kdo se vás chce zmocnit. Otázka: / Co Ebe říkáš na Anunnaki ? / Jasná záře . Vás znají. Mnoho lidí vás znají. Zemi znají. .... Kdysi Anunnaki ovládli vaši planetu. Jsou obrovské entity a mají mohutný hlas , jako u vás, když mluví robot , mohutný, hluboký hlas. My nemůžeme v případě nebezpečí vše sdělit. To, co sděluji má být určeno hlavně pro vás a v případě pro lidi, které znáte a kteří jsou bezpeční, ale to nepoznáte. Jsou informace, které bychom vám rádi sdělili, ale víme, že to nesmíme z důvodu bezpečnosti. Více Entit o Tobě Ivano a ILono ví. A jak sděluji , někdo se o vás pokouší. Není vidět zatím, je to jenom energie. Ten někdo si hraje s energiemi lidí a dokáže se izolovat . To je pro nás novinka. Na to jsme ještě nenarazili, ale narazíme. Opatříme si proto různé stupně pro zjištění , kdo to je. Zapojíme frekvence různých druhů a odizolujeme tento stav. Víc neřeknu. Musíte mít hrdost. Prominte mi to, že dnes tak sděluji. Nevíte, kdo se o vás ted zajímá... Jde to do závažnosti. Obezřetně musíme psát. Sdělil jsem vám, co jsem měl . EBE musí končit ano chaos . Myslete na sebe a na zvířata. Ano, příště budeme opět sdělit komunikace. ALELUJA OO!

Dům – bungry , jako u vás staniol

1 December 2015

Dnes je 1. prosince 2015 a rozhodly jsme se udělat tuto komunikaci před kamerou s mimozemštanem EBE.
Humanoid EBE - OLie z 12 dimenze - Komunikace již probíhá od roku 1993
Rozhodly jsme se udělat tuto komunikaci pro lidi, aby lidi věděli, jakým způsobem komunikujeme. S Humanoidem EBE jméno OLie.
EBE, Vítáme Tě!
Aleluja oo ! Vítám Vás !
Máte plno hmoty ve vašem systému,
která je skryta v hydrosféře.
Pohlcuje ten systém organické struktury
v jeho centru.
Je to neznámé pro lidstvo.
Máte jako lidstvo mnoho skrytého a nepoznaného
a málo probádaného.
Vaše planeta je pro vás lidstvo neprobádaná.
My vaši planetu známe moc dobře .
Máme vaši planetu, jako třešničku na dortu.
jak vy lidé říkáte...
Měli by vědci a vůdci všech zemí
na vaší planetě spojit síly
a mozková centra
a snažit se vypátrat vše, co je potřeba .
Lidstvo žije jen materiálně,

ale duchovní rovnice jsou skryté,
jako vše neprobádané.
Cíl věků pro lidi je nevyspělý , fajnový.
Život na vaší planetě je pro lidi smutný,
když nejsou patřičné rovnice zákonů
ve vašich lidských schránkách .
My zkoumáme radiaci momentálně
nad atmosférou a nad Evropou .
Nějak rychle se přestala přizpůsobovat
k systému, který je dán .
Vymkla se kontrole.
Vše se nám zaznamenává jasně zářícím signálem ,
co právě je bloklé nebo posunuté .
Ve vaší atmosféře
snímáme vše, ale i clony máme.
A to aby nás ochránilo
i tak snímáme.
Máme jinou strukturu
a na tu vaši se naše struktura dá těžko přizpůsobit . Jako
k vám jiná dimenze
a k nám k té naší dimenzi.
Naše laboratoř je jiná, než ta vaše .
Vaše laboratoř zkoumá primitivní věci - primitivum .
Naše laboratoř zkoumá vše podstatné
a vesmírným zákonem dané
na jiné bázi vývoje molekulárního centra .
Vy, lidstvo tvoříte budovy .
My nemáme budovy, ale máme pod budovy,
které nám vzal čas.

V době, kdy se změnila dráha v naší dimenzi .
Ale my máme jiné bunkovky - jiné bungry . My máme jiné domy
My říkáme bunkovky , jako bungry ne domy .
Je to chráněné a izolované pro nás .
Není možné to zničit .
Neumíte si to představit , co je to Bunkovka – bungr , jaký dům
pro náš život .
Je to podobné, jako u vás na vaší Zemi
Jako je staniol .
My máme toto.
Pro nás je to ochrana před nebezpečím .
Chrání to naše těla, vlastně náš život.
Kdysi v historii jsme měli domy,
ale vypadaly, jako komíny i jako věže
ale jiné, než u vás .
Vás lidi, vaše domy nikdy před nebezpečím jakýmkoliv neochrání
před vesmírnou katastrofou
nikdy vás neochrání, ani před válečným systémem ,
který u vás je .
A nám se ten váš způsob vůbec nelíbí .
A je takových více dimenzí, kterým se to nelíbí.
My války nevedeme !
My vedeme vesmírný mír !
Přece vesmírný zákon není o válečném bodě
Lidé se nesnesou , nechápeme proč .
Proč se musí vyvíjet zbraně u vás na Zemi ?

Nechápeme
To je zbytečné .
Jste jedinná válečná planeta
V celém planetárním bloku systému .
To je blok systém u nás .
Jste tak malinká planeta a tak válčivá .
Však vesmírný pořádek vás srovná v chápání .
Přijde ten čas, aby se lidstvo probralo
z těch škodlivých věcí .
Otázka: / Ebe, můžeš popsat vaše tělo ?/ -
Naše tělo jsme popisovali již dříve.
Pravda , dávno .
Máme jinou strukturu ,
ale kvůli bezpečnosti není možno více vědět.
Máme jinou dimenzi, jsme jiní
To je jasné
Dostáváme k vám, tak jak je dáno a potřeba .
Jsme tu na skok . Tak si to propočtěte, vypočítejte .
U nás propočty nejsou . Je nekonečno .
Je jen prostor a žádný čas .
Jsme malí i větší, jsme různí ...
Nemáme krev, ale máme bílou tekutinu .
U vás, jako krev a žíly nemáme .
Máme jen trubice duté a neživé .
V nich nám koluje bílá tekutina.
Jinak jsme na bázi biologie .
Ano, to jsme, ale jinak , než vy lidé .
Taky žijeme .
Zase tak blízko naše dimenze k vám není k vaší dimenzi.

Na to ,aby jste příliš věděli o nás
My se lidstva bojíme .
My o vás víme veškeré informace ,
ale my lidem neublížíme .
To už bychom udělali .
My nemáme zbraně .
Lidé se nás bojí , ale my se vás taky bojíme .
A vy máte zbraně .
Ano , je toho moc...
Když někdo bude mít tu možnost a bude chtít
tak my se ukážeme ...
Ještě ale ne tak hned .
To ještě izolovaně raději .
Ale není to lehké
propojení všech bytostí ve vesmírném řádu .
Ano, Ivana má velké schopnosti
a Ivana je unavená .
Vidíme to, že je unavená
už nastal čas - řád
Máme vás rádi
a říkáme, že opravdu nikde lidé nemají žádnou ochranu .
To je z naší strany varování.
OLie - EBE muset jít dál nad atmosféru.
Byli jsme blízko , musíme jít dál .
Naše Lod vydává signál zvukový a mlhový ,
že už je na čase dělat úkol ...
Pro lidi jsme vzkázali , co bylo třeba .
Ale důležitější informace jsou
pro Ivanu a ILonu velmi nebezpečné.

Tak prosím o pochopení
To vzkazuji
Tady před vaší kamerou , přístrojem , aparaturou všem
Ivana energie málo
a my už musíme končit .
Mějte v srdci mír !
A já Olie nejsem on ani ona ,jak u vás.
My jsme nevznikli, tak , jako lidstvo.
EBE, děkujeme!
Budeme příště opět komunikovat ? Ano !
ALELUJA OO !

My máme kmeny

3 January 2016

- Komunikace s Ebe- OLie z 3.1. 2016 : Aleluja oo ! Nacházíte se ve zlomu. Zlom nastal. Energie jsou patrné v každé části vašeho těla. Máte obřad ve velkém rozlišení souvisejícím s částicemi celého procesu na biologické a chemické úrovni. Máte co dělat s vyššíma sférama. Máme signál na čas. Vaše kamery nás nezajímají. Vaše systémy jdou mimo naše členy, které jsou v Lodích. Jsme ve skupinkách seřazeni , jako systém pomocného v kmeni Elieljí. My máme kmeny. Máme co dočinění s elitou kmenů od jiných sfér, které jsou svým způsobem k nám netaktní. Vaše lidi pozemští mají taky různé skupinky, ale pro senzace. My jsme součástí vesmírné duše. . Máme průzračnou energii. Vy lidé máte těžkou energii, jelikož se slučujete s tvrdým jedem . Jsou to jedy, které vás dostávají do stádia útlumu energie a špatného vidění. Skrývají hodnotu mysli. Máme vás v měřítku. Lidé jsou jen figurky, snaží se ovládat celý systém. U vás na Zemi je ovladatelný systém všech průchodných systémů ve skrytu Země. Otázka : / Co Kontakt CE-5 ? / - Jsou skupinky, víme o tom. Je důležité, co skupinky lidí vysílají. Musí být čistá mysl , energie a srdce . Stačí, aby někdo ve skupince myslel na peníze nebo na sex a jiné neduhy. My vám řekneme jednu věc. Víme moc dobře, že každý člověk má mysl zaneprázdněnou. Lidi myslí materiálně. My vidíme vše .

Lazer nám porušuje naše řízení v Lodi. My zatím nemůžeme se více přiblížit, ale brzy to nastane. Vy lidé si říkáte, proč se více nepřibližujeme . Že už je to kolik let, co už bychom se měli ukázat. U vás je jiný časový skok. Chcete vše hned. Ale to vesmírný systém ještě nedal povel. Ivano, tvoje noha se léčí . Nemůžeš pracovat , tam kde jsi pracovala v masně . Budeš jinde, proto tvá noha, to byl začátek. Muselo se tak stát. Maso a Ty , Ivano, to nejde, aby jsi tam pracovala. Ty tady máš jiný úkol. Ozvalo se Tvé mocné " Já " To ovlivnuje Tvoji část těla. Maso jíst můžeš, ale nejsi souzená pracovat, jako otrok v masně. Máš kariéru. To byl zkrat a bude, pokud tam budeš pracovat. Jinak jsi Ivano zdravá. Neboj, tvoje játra vidíme jsou čistá , růžová. Testy bývají u doktorů nejasné. Vaši doktoři nejsou Mudrci. Všichni nesete svou mysl ve vašich tělech a ta mysl vás řídí , ale neřídí váš osud. Co vám bylo dáno se neovlivní. Ivany energie slábne. Pro mnoho lidí jsi zvláštní. My musíme jít dál. Volá nás naše " ZURAJA " Nemáme to lehké s našim systémem ve vaší blízkosti. Je mnoho jedu. Ebe - OLie muset končit. My vám přejeme : Žijte nadále jak je dáno ! S úctou k vám Ebe - Olie a žádné průšvihy. ALELUJA OO !

Otázky od výzkumníků z Ameriky a Anglie

21 February 2016

- Original -Spiritistická komunikace s Humanoidem Ebe - OLie. Poprvé s otázkami od 6 amerických i anglických badatelů : Tonny Topping , Phil Kava , Malcolm Robinson , Bill Rooke , Albert A Rosales , Ufo author -
ALELUJA OO ! Vítám vás ! Je plno i na Zemi všude je změna energií . Zaznamenáváme energie ve Vesmíru nad vaší atmosférou působí jako clona v matném obalu . Energie nejsou vidět , ale zaznamenáváme je v našem přístroji. Chová se to jako živá hmota v uzavřené buňce. .
Náš signál vysílá paprsky z naší Lodě často do vaší sféry. Zkoumáme vaše zdroje v podnebí . Aktuálně toto sledujeme. Zatím nic není vhodné pro naši práci. Naše Loď se upíná i do jiných dimenzí. Vaše Země je neutrální v tomto momentu. Nastala změna i nastane , ale zatím je neutrální . Otázka pro Ebe : / od Tony Topping : " Kdo je univerzální architekt" ?/ - - Univerzální architekt je mocný , ale nejmocnější není . Je to systém dokonalosti , který řídí planetu Zemi a její blízký hvězdný systém. Tony Topping nemáme ho v záznamu, ale je to výzkumník v určitém směru, ale identifikace není k nám vázaná. " -/ Co Phil Kava ? / - Ano, ale on má jiný kontakt. Má jinou civilizaci, nás nezná . Není k nám jako poselství taky Phil Kava je na bázi vědeckého výzkumu. Je totožný s více lidmi, kteří se o mimozemské trofeje zajímají. "/

Otázka od Malcolm Robinson : " Proč byli uneseni 2 muži ve Skotsku u silnice A 70 v roce 1992. Jaký byl záměr " ? / - Je mnoho lidí unesených z různých států na vaší Zemi . Lidi jsou unášeni do výzkumu s jinými dimenzemi. Podepsali smlouvu, která je totožná s jinými dimenzemi. Je více lidí unášených , unesených ... Ti 2 chlapi, jestli byli vysoké postavy a bez nadváhy a jestli měli krátké vlasy. Jestli to jsou oni, tak oni slouží pro výzkum s bytostmi z jiné dimenze. To, co zkoumají nemohu prozradit. Je to smlouva. Pokud oni byli jiného vzhledu, tak byli pouze pro jakost vzorku a vývoje. Uneseni byli od jiné strany. Je více bytostí, které berou lidi nevědomky pro různé cíle. Buďto pro výzkumy . Je více směrů.
" ... / Bill Rooke má otázku : S kolika světelnými bytostmi je Bill v kontaktu? "/ - Město York známe ! My tam snímáme dost často z atmosféry. Dějí se tam MAGNETICKÉ REZONANCE dost často. Je pravda že v York je mnoho lidí , co je v kontaktu s jinými civilizacemi. Světelné bytosti , může jich být více ... Ale vždycky je jedinný velitel, kdo vede skupinu těch bytostí. Má značnou skupinku, ale je i hlavní velitel světelných bytostí. A oni se skrývají v různých dimenzích. Nepochází přímo z jiné planety, ze žádného planetárního systému. Oni jsou jiní a odjinud. Nejsou to lidé ani civilizované bytosti. Jsou průhledné , jako průzračná voda. Nejsou vidět, ale trochu vydávají písklavý tón . Jako pískání. A někteří lidé to zaznamenávají. Bill ano, on může zvuk zaznamenat. On může být v kontaktu přímo s velitelem. / Otázka: od Albert S Rosales : " Kdo bude americký prezident ? " / - V Americe bude ještě delší čas

vůdce prezident Obama. Předem zvolený zatím nikdo není. Čeká se na vyšší mocnost, která je zatím ve vývoji. Je to skrytý vývoj vůdce. Žádný vůdce nemá takovou moc, jako je kosmický zákon. Proto by měl být vyvinut. Někdo, kdo bude mocný tak moc, aby ovládal planetu Zemi celou. Pro vaši planetu Zemi by měl vládnout jeden vůdce. Ale Bůh je Vesmír. Někdo jako Bůh. Však přijde čas, až se z vývoje zrodí. Ještě není čas, zatím. SPOUŠTĚCÍM FAKTOREM JE VESMÍR, který se mění, změnil a měnit se bude. Vy, lidé a Země jste zatím neutrální. To, co se děje je mimo váš prostor ve Vesmíru. Planety jsou živé, mění svůj řád . A blížící se planeta je i vidět. Až bude těsně blízko u Slunce tak nastane velký ZLOM ETAPY. Jen málo kdo to vidí. Je to defakto skryté pro lidi. Už jsem sdělil minule 2 Slunce. Lidé to budou tak nazývat i nazývají... (Otázka od Ufo author : "Jaká je vaše aktuální poloha ?" /

- ..

.. JSME Z JINÉ GALAXIE A RŮZNÝM DIMENZÍM ČELÍME, ZKOUMÁME, VIDÍME VŠE , CO SE DĚJE V DIMENZÍCH. My zkoumáme více Vesmír a všechno více, než lidi. My lidi už známe od pradávna. / Další otázka od Ufo author: Jaká je povaha vaší existence, jak chápete lidskou mysl , jaké máte smysly ? S kolika lidmi jste v kontaktu ? " / - NAŠE EXISTENCE JE STAVĚNÁ NA JINÉ BÁZI VÝVOJE. MY MÁME JINÝ PRINCIP VE HMOTĚ I V BIOLOGICKÉM CENTRU BUNĚK . Typické pro vývoj. ORGÁNY MÁME NEVYZRÁLÉ, ALE JINAK JSME STVOŘENI JAKO CELEK VE VESMÍRU.

Nejsme negativní. My se neřídíme myslí , jako vy, lidé ! To určitě ne. Řídíme se jinou inteligencí. Jsme schopni navázat spojení s lidmi, ale těch je opravdu málo. Tak, jako Ivana. Jsme jen mírně shovívaví a vyspělá inteligence. Shovívaví vůči lidem , ale ne všem . Málo komu věříme, že vše myslí dobře a vážně. My jsme bez smyslů. Naše energie nám určuje směr takový, aby byl vážný, inteligentní a aby jsme si nedělali srandu z jiných bytostí nebo z našich vlastních druhů. MY VŠE BEREME DŮSTOJNĚ A VÁŽNĚ. VESMÍR JE TAKY DŮSTOJNÝ A VÁŽNÝ. Lidi si hodně zahrávají, když uráží vesmír nebo když falšují záznamy svojí identity. Že tělo klame duši a duše klame tělo. MÁME PODSTATU, KTEROU NÁM DAL TVŮRCE VESMÍRU. Je to podstata žití. ATRIBUT POSELSTVÍ . POSELSTVÍ JE DÁNO TAK , ABY BYLO VIDITELNÉ Z VELKÉ ČÁSTI ATMOSFÉRY. Máte jich spoustu. Poselství v lánech, v polích . Ale lidé nejsou důstojní a tak zvažují, že to je výtvor poselství od vás lidí. A tím se poselství znehodnocuje. Je to bez významu. Co vidí lidský smysl, jako je oko, je hodně málo. Je to jako zrnko v poli máku. Je toho mnoho, co lidské oko nevidí. Je toho moře, jako když se spojí všechny oceány. My hmat, zrak, čich a všechny vaše buňky, co se dostávají do těchto smyslů my to nemáme. ALE ŘÍDÍME SE JINOU MOZAJKOU BUNĚK NEVYSVĚTLITELNOU PRO LIDI. Jsme jiní. VIDÍME ZEVNITŘ . NAŠE OČI JSOU JEN , JAKO BATERKY. Cítíme také zevnitř na jiné bázi. Měsíc je KACHAKA ŽAKAMA. Měsíc se otáčí jiným směrem, ale vůdci to neřeknou. NASA MLČÍ . Lidé by se měli více koukat na nebe, než koukat na zem, aby měli nějakou tu malichernost, materiální věc, kvůli které se zabíjíte, znemožnujete, ano.Ebe končit , OLie končit ano. Víc už nemáme čas. Stoupáme výš a výš. Zase někdy příště ! ALELUJA OO!

Vesmírné divadlo

3 April 2016

- AELUJA OO! Vítám vás ! Je mnoho změn ve vesmíru i jiných systémech . V ZÁKONITOSTECH VESMÍRU JE SPOUSTA SILNÉ MAGNETICKÉ ENERGIE VŠUDE KOLEM VÁS . Příroda se vlní v různých prostorách. Vlnění působí jako silný proud vlnění záření do prostoru. MUTACE PŘÍRODY JE NA POKRAJI NOVÉHO VÝVOJE V SYSTÉMU KOSMICKÉHO CELKU . Člověk je toho součástí . Je plno změn ve vlnění. NAŠE LOĎ ZAZNAMENÁVÁ Z VÝŠKY MNOHO MIL VAŠI ZEMI . V posledním čase vidíme vaši Zemi v mlze . Země je v mlze a v nepatřičném nesouladu . Vlnění a mutace v přírodě je tímto provázená. NEBESKÝ PLÁN JE STÁLE PŘIPRAVEN NA TO, CO SE MÁ STÁT . Už jsem o tom sděloval . VESMÍRNÉ DIVADLO A JEHO HISTORIE SE OPAKUJE. Jen tyto změny s přírodou jsou v nesouladu s historií . Na vše musí být každý jedinec připravený . Málo jedinců ví, co se stane . Politická situace je u vás také v nesouladu . Nemělo to tak být, jak to je. Zvrtlo se mnoho v politice scén . Smutný scénář , ale ono se to napraví , víme o tom . Žádný dobrý plán v politice není. PŘIJDE NOVÝ SYSTÉM . O tom jsem již taky sděloval v minulých komunikací. Hádám VIACHA . Je to koloběh života pozemšťanů. Každý jedinec musí brát to, že nejste tak pozemšťani , jste vesmířané. Tak jako my a jiné dimenze jsou součástí vesmíru . Vesmír je jednotou a všechno RAMANA chaos . Země - chaos . Víme, co lidi ve vašem okolí na vás plánují . SNÍMÁME TOTO CHOVÁNÍ , pozor si dejte na lidi . Buďte ve střehu a buďte jedinečné , pak si vás lidi budou vážit. Lidi neříkají o vás nic dobrého . My to vidíme, jsou to silné energie .Vše zaznamenává to náš přístroj , takové varování. MÁME TEĎ SIGNÁL Z NAŠÍ KOPULE, KTERÝ MOMENTÁLNĚ UDÁVÁ MAGNETICKÉ ZRNĚNÍ , PROTOŽE JSME SE POSUNULI O PÁR MIL DÁL A MÁME BÝT BLÍŽ . JISKŘENÍ JE SILNÉ . NĚJAK NAD VAŠÍ PLANETOU SE NECÍTÍME BEZPEČNĚ UŽ DELŠÍ ČAS ,VÁŠ ČAS. U NÁS ČAS NEEXISTUJE. TO JE JEN INFORMACE , ČAS. / Ebe, napiš něco odborného / - Dávám tlak . Odborné zdůraznění v této komunikaci může být pro vás nebezpečné , pokud by jste to zneužili pro nějaké vůdce , to ne . To je moje odpověď. Oni vůdci vědí mnoho o nás a vás zkouší manipulaci . Je to nebezpečné , pozor na to . Jsou u vás hranice , kdy je bezpečnost nebezpečná . Může se vyhrotit v nebezpečí . MY MÁME NARUŠENOU LOĎ . KDYBYCHOM MY VŠICHNI A JINÉ STRUKTURY VE VESMÍRU CHTĚLI VÁM PODAT DŮSTOJNÉ , ODBORNÉ SDĚLENÍ , TAK UŽ JSME SE DÁVNO VEŘEJNĚ A VE VELKÉM OBJEVILI . Nemá to být ještě ,ale bude to. Chemie , co jsme sdělili už jednou nebudeme znovu opakovat . At vaši vědci dají otázky . Nevím o čem by jste chtěli vědět , na jakém principu . Dnes jsme sdělili, co jsme chtěli . DNES NÁS JE VÍCE BYTOSTÍ V LODI , J E NÁS

5 HUMANOIDŮ V LODI . Máme kariéra Země. Chemii jako takovou berete ji jinak, než my . Nejde nás nutit , jen pro někoho cíl . Zajímavé ano. Bude o vás vědět celý svět . Je to nebezpečné. LÁSKA A BOHOVÉ KARIÉRA ZEMĚ . Rázem kariéra . Není všemu konec. Nesmíte být unáhlený. CHAOS V LÉTÁNÍ . / A co Anunnaki ? / - Anunnaki nejsou na příjmu . Jsou skrytý . Není ještě vhodná doba , ale lidstvu se Anunnaki představí brzy . Bojí se jako my. Země se vlní ano. OLie bude sdělit někdy jindy . DNES NENÍ VHODNÁ ENERGIE Z VÍCE STRAN . Olie končit ano. A L E L U J A. O O !

Druhé Slunce - NIBIRU

19 April 2016

- ALELUJA. OO ! Vítám vás! Změna je v celoplanetárním systému . SLUNEČNÍ SYSTÉM VAŠI ZEMI BRZY POHLTÍ SILNÁ ENERGIE Z KOSMU... ČÁSTICE , KTERÉ SE POSOUVAJÍ V ROTAČNÍM ČASE . JSOU DIMENZE , KTERÉ POHLCUJÍ SVĚTLO NA VAŠÍ PLANETĚ . Vaše Slunce vyhasíná , ztrácí sílu . Postupně se vaše Země pohybuje ve větších frekvencích . Bude mnoho jedu a katastrof, než se vám odkryje nové Slunce . Nové Slunce bude vedle normálního . Vy říkáte NIBIRU , ale je to jako Slunce vaše . Není tam život . Nic , jen bloudící a putující objekt, který má svou dráhu jako všechny planety. Galaxie zažila jiné katastrofy. Lidé jsou zmanipulovaný a ještě jsou ohrožený energiemi . VNÍMÁME A VÍME VIBRACE A POLOHY ZEMSKÉHO JÁDRA. ZMĚNY SYSTÉMU ZEMĚ Z NOVÉHO SLUNCE OHROŽENO . ....

.. ...

Chaos - mraky . V dešti je plno jedu .

..

SUPER PŘÍSTROJ NA ODVÁDĚNÍ VZORKŮ DO NAŠEHO MONITORU ZOBRAZUJE VŠE DĚSIVÉ , CO V OVZDUŠÍ DÝCHÁTE . ATMOSFÉRA JE SLABÁ. OPERACE JSOU NASTAVENY NA TYTO PLYNY, KTERÉ V ATMOSFÉŘE

CHYBÍ . ARGUMENTUJTE S LIDMI . VE ZDROJI , KTERÉ MÁ VĚDECKÉ ZAŘÍZENÍ A KTERÉ ODVÁDÍ MNOHO LIDÍ JINÝM SMĚREM I FALEŠNÝM . MAKAKA PROGRAM . LEHKÝ PROGRAM V NAŠEM BLOKAČNÍM ZAŘÍZENÍ. Už se naše LOĎ opravila. Blokace je menší GAMAKA SHAMAN MAKUBA MATAJA. Ano, sděluji naší mluvou , když vypadne signál mezi mnou a Ivanou. Vidíme u tebe Ivano změnu . Máš mnoho světelných částeček v mozku . My jen můžeme podat pomocnou ruku ,. Proto ještě s námi nenastal čas.

. ALE AŽ BUDE KOSMICKÉ DĚNÍ , TAK SE MUSÍME S LIDSTVEM SPOJIT. Lidi si vždycky říkají : " To je stále dokola , že se ukážeme a nic . ALE ONO TO PŘIJDE NÁHLE , JAKO NÁHLE PŘIJDE TŘESK V ZEMSKÉM JÁDRU . VŠE SE DĚJE NA BÁZI DANÉHO OKAMŽIKU . JE VESMÍRNÁ ZMĚNA SYSTÉMU NAPROGRAMOVANÁ A TA SE OPAKUJE . DAJÍ SE ZMĚNIT DIMENZE , KTERÉ SE PROLÍNAJÍ , JAK VE VAŠEM SYSTÉMU , TAK I V JINÉM SYSTÉMU .

..

Na vaší Zemi jsou zásadní 3 věci , které jsou zlé . Je to : LIDSKÝ NEDOSTATEK V CHÁPÁNÍ , ZNEUŽITÍ LÁSKY PLNOSTI A UBLIŽOVÁNÍ MATCE ZEMI . A TÍM I JEJÍMU KRÁLOVSTVÍ , které se nazývá SLUNEČNÍ SYSTÉM A JEJÍ GALAXIE . Já mám i vy naše NATIVA . VAŠI ZEMI MÁME POD KONTOLOU A MOJI NIŽŠÍ VELITELÉ HLÍDAJÍ VEŠKERÉ SIGNÁLY . RADIO - SIGNÁLY Z NAŠÍ LODĚ . NAŠE LOĎ JE KONTROLNÍ. NAŠE LOĎ JE SPOJENÁ S NAŠÍM ÚKOLEM . Ano , budeme opět někdy komunikovat . OLie bude muset končit . A L E L U J A O O !

Magnetické bouře

29 May 2016

- Rychlé psaní : Velice rychlé psaní , rychlý kontakt - Aleluja oo! Slunce je žhavé i celý vesmír . Všechny částice jsou v neustálém tlaku . Částice ve vesmíru se nesnáší s tavenými částicemi , které jsou protilehlé . Vše je na určitém systému . Energie z částic je výtvor chemické reakce , která proudí do všech vrstev kyslíku . Kyslík je ojedinělý ve vesmírném vakuu . Je to součást prázdna ve kterém je vakuum . Komory ve kterých se kyslík drží a nemůže jít do prostoru . Prostor je na jiné bázi , než vakuum . Vakuum je naložen vzduchem a prostor je naložen kyslíkem . Dusík vše pohlcuje ve vesmírném vakuu . Dusík je součástí molekul , které tvoří neutralizační zdroj energetické bunečné stěny . Je to vývoj vesmírného principu . My jsme nyní nad vaší atmosférou . Máme spoustu , mnoho nových sférických molekul , které během naší cesty jsme nasnímali do našich computerů . Máme plno práce tvořit bunky na jiném výchovném systému , který bude ospravedlněn vůči lidskému poškození . Lidské jádro a mozek je ve velkém poškození . Je to vyvolané chemickým procesem , který lidské bytosti nechrání , ale ubližuje jim . Máme silný tlak nad vaší atmosférou . Náš computer vykazuje silné vlny magnetické bouře , které naši Lod manipulují . Musíme držet náš zdroj , který je chráněn před tlakem z vaší atmosféry . Vaše atmosféra dává údery větší , než doposud . Jedy jsou zkouškou pro lidské bytosti . Druhé Slunce je skryto úmyslně . Jen někdo někde zahlédne druhé Slunce asi tak , jako , když zahlédnete nás . Také v určitém úhlu . Druhé Slunce se nachází ve více určitém úhlu . Je více úhlů asi 5 , kde se může nacházet druhé Slunce . Vaši vůdci si neví rady . Neví , proč je Slunce skryto a někdy ne . Snaží se dávat více jedu do ovzduší , aby bylo nebe více pokryté . Vaši vůdci zasahují do více sfér použitím jedů .

.... Dýcháte jedy . Je to test a past na lidi . Chaos kolem Země a chaos v lidech . Vše je propojeno . Zvířata a příroda trpí , pláče tímto povrchním ponížením . Kariéra , zkouška na lidech . Je více mimozemských bytostí mezi vámi . Ale ne my . Je jich více jiných . Jsou více u vás . Lidé to pocitují a neví o co jde . Lidi vnímají svět v jiných dimenzí . Máte dvojí svět . Duchovní a fyzický . Naráz není možné vnímat . Hádám, máme signál na povrchu . Dávejte pozor na zlé bytosti kolem vás i lidí . Bezpečí je podstata života . Ebe má ted úkol . Ebe musí do vyšších sfér . Brzy se shledáme . Brzy se uvidíme . Nibiru je to druhé Slunce z jiné dimenze , které se točí kolem osy a za několik tisíc let se vrací k vaší Zemi . Zemětřesení je výboj v zemském jádře . Je velký posun magnetismu . Zemětřesení bude časté . Ebe muset jít , nechte nás plout . Máme úkol , který je důležitý kvůli vašim vůdcům z celého světa . ALELUJA OO ! ....

Nové děti

10 AUGUST 2016

- Ahoj Bret ! Teď Posílám závažné informace získané na základě komunikace s Ebe - Olie 10. srpna 2016. Zpráva také to, co" Nové děti " . Bojím se to zveřejnit . Ale Ebe souhlasí s tím, aby toto bylo zveřejněno pro lidi , které to zajímá a výzkumné pracovníky, kteří nám důvěřují . Nebo pro toho , kdo má zájem .... komunikace byla velmi rychlá . Dalo mi to čtyři hodiny práce. Přeložila jsem každé slovo do angličtiny, nic se nezměnilo. Je to přesný originál. Doufám, že to bude pochopitelné . Celá zpráva je zajímavá až do konce : To je důvod, aby jsi to četl celé někde v klidném místě . Tak tedy telepatické sdělení od humanoida Ebe - Olie. - Spiritistická komunikace - médium Ivana Podhrázská a Ilona Podhrázská z České republiky Zpráva z 10. 08. 2016 - Aleluja oo! My nejsme vy . My máme jiný zdroj energetického bunečného centra . Vaše lidské bunky všech pozemštanů klesly do hlubin JALAKA . Je to malá částice v energetickém vývoji , který vám dal pro bunky informaci . Ta informace pochází z Kosmu . Kosmos není z části pro vás znám . Je nekonečný , ale vy tuto část nikdy neuvidíte a nepochopíte . Je na jiné bázi struktury , která se vlní v určitém úhlu na principu uhlíku a všech látek , které pochází z Kosmu . Uhlík je důležitá část prvku . Prvku , který ale není zcela prozkoumán pro vývoj vaší Země . Vaše Země se

shlukla s jinou částí planety a rozpadem Měsíce vše zavinilo , že uhlík na čas zmizel . Pak se scelil . A ta část se změnila a je neprozkoumaná . Už jen proto , že se něco stalo . Rozpad jakých si planet malých částic v Kosmu znamená pro určitou část prvku kolaps . Když je kolaps buněk , tak tělo je tiché , umírá . Tak stejné to je v Kosmu . Máme svoji školu , která je dána . A vy se učíte něco od někoho , koho jste neznali . A to nebylo dáno . Vše je naprostý klam . Proč rodiče vychovávají děti do takové špíny , která učí klam ... Klam je nicota ve které se brodíte . Tím jste prošli . Je nám to líto . Jste nedotvořeni , ale ta nauka , která byla omylem dána s tím nesouvisí . To byl jen účel a úděl těch , co dělají váš materiální systém . Vaše část vesmíru volá o pomoc ! My máme jinou část vesmíru . Vesmír je zdroj všech struktur energií v centru vývoje . Váš sklon Země , váš úhel Země je moc nakloněný . Vidíte část hvězd jiným úhlem a jinou sestavu souhvězdí . Je vše narušené ve vašem vesmíru . Je spuštěná manipulace , která je delší čas spuštěná a ta dělá manévry ve vašem Kosmu . Matka Země je toho součástí . Už nic nebudete nad sebou vidět , tak jako dřív . To jsme už sdělovali
dřív .

.. Vše se změnilo . Měsíc i Slunce to ví . Slunce již pohasíná , je nám to líto . Ale lidi spí . Oni lidi žijou v materiálu . Takže tyto věci neznají a necítí , že je posun . Ivano , civilizovaná dimenze Zon jsou naši milí přátelé . Oni sledují Tebe , Ivano . Oni jsou důstojní , zdvořilí i nebezpeční v tom smyslu , ztrácí svou důstojnost .

To se jim nelíbí . Musí být vždy podle nich . Jsou nevybíraví . Jsou a jdou za svým cílem . Jsou z dimenze , která je dost vzdálená od vaší dimenze a může se prolínat v určitém vývojovém spektru , které sleduje informace , kdy spustit ten hlavní bod ke styku s vámi . Oni mají jen pár lidí , jako my vás , jenom pár lidí . Ivano , oni se tě chytli , protože my jsme spolu měli uzavřený pakt ! My jsme spolu s civilizovanou dimenzí Zon museli projít školou , která se týká všeho živého ve vesmíru . Jako školení . Ivano , Ty jsi tady kvůli určitému cíli. Proto Tvá matka tě nakonec porodila . Jinak by jsi tady nebyla . Tak moc tebe matka chtěla a tak jsme si řekli , že na tomto místě tu můžeš být . Ale měla jsi na výběr . Ty jsi od nás i od dimenze Zon . Oni Tebe znají dávno . Je to těžké na pochopení pro vás . Ale je to tak . Vyslyšeli jsme prosby vaší matky a tak jsi tady v těle tvém pěkném . Ale kdyby bylo jiné místo . Ale to nebylo . Jsme rádi , že to tak je . A hlídáme Tě ! .... Máte jiný systém ve vesmíru . Už pro vás skončilo období. Které mělo 4 období . Vy budete mít jen 3 roky 2 období . Čas je jiný . Lidé budou mluvit , říkat . Povídat si mezi rušnou ulicí . Lidi budou mluvit jen o dětech , kdo a komu se narodilo dítě a kdo s kým žije ..... Ale lidi nebudou vnímat . Nebudou si hledět změny . Tak abnormálně velké změny . Že je zlom a že období není , jak bylo zvykem pro matky dětí kdy byl svět v normě .

... Ted děti nebudou dětmi . Bude se rodit větší manipulace s krví , plasmou a celým centrem buněk . Děti , jakož to , pak dospělé děti budou roboti . Budou mít pár let v sobě čip ,

který je bude měnit postupně v roboty . A tak nastane čas robotizace . Už je vše uděláno . Podle představ pradávné civilizace , která zavinila tento zákon . My jsme vás přivedli a nedotvořili . Ve starodávné civilizaci my jsme byli jako otroci a tím jsme vás nedotvořili a ted se všechno opakuje . Historie , jako taková se opakuje . Ty děti budou jakožto roboti vidět Měsíc a celou soustavu vidět vedle sebe . Ne nad sebou . Konec světa vlastně nastal jakožto pro vaši civilizaci , která se zrodila z jiných vrstev
bytí .

. My ted máme plán . Musíme něco posbírat . Materiál , který je v půdě v zemi . Máme odplout ... Příště budeme komunikovat / Otázka: Ebe, kdo prý vyhraje volby v Americe ?/ - Nebudu ted odpovídat na otázky . / Ebe a kdo bude dávat čipy těm dětem ? /- ILono , nebudu odpovídat . Je to nebezpečná odpověd pro vás . My víme , že už někteří lidé ví víc , než by měli vědět . Ano , dávejte pozor ! Jde o vás . Řada lidí jde po vás . Ano , jdou po vás . Jste v nebezpečí, pozor ! Ebe bude končit máme v půdě plány . Musíme jít . Ted jsme v prázdnu v Kosmu . Ano , půda , rostliny Ilona se moc ptát . Půda , rostliny , vzorky na bádání . Budeme zkoumat hladinu jedů ve vaší půdě na vaší Zemi . Ano , mnoho jedů u vás na Zemi Ebe končit . ALeluja oo !

Zkoumáme vývoj vesmíru

30 August 2016

- Aleluja oo! Vítám vás ve spolek . Na Zemi ubývá energetický bod , který je spojen s vesmírným proudem . Proudí k vám částice , která ztrácí na síle ovzduší . Kyslík tu částici pohlcuje . Částice je stvořená na principu jedné molekuly v napojení s uranem , který tvoří mini částice v atmosféře a řídí tím chod META - GAMY . Metagama - je zdroj buněk pro nás prospěšných na pozorování . Zkoumáme vývoj vesmíru na vaší Zemi . Už se vše změnilo ve vašem vesmírném řádu . Váš vesmír je nový a má vývoj nového řádu . Váš vesmír - vaše dimenze . Jinak vesmír je všech bytostí jeden . Jiný systém vesmíru . My máme jinou sestavu planet . Ano , vidíte večer planety a Galaxie nové , v jiném seskupení z části . Až bude zcela nový vesmírný systém , tak ze Země uvidíte hvězdy i na zemi . Budou na dosah . Ale přitom budou několik světelných let vzdálených . Jste v jiném úhlu . Jste v půli a přijde zcela přetočení systému Země . Bude jiná dráha . Vím , že jste se včera bavily o zvláštním úkazu na nebi . Ano , to je ono. Budete postupně vídat jiné Galaxie , jiné systémy na které nebyla vaše Země nikdy zvyklá . V tomto se historie neopakuje . Jde to dál . Ale 2 slunce ano . To se opakuje . Molekuly řídí centrum ve vakuu jako dráhu protonů . Proton je velice důležitý ve zkoumání a ve zjištění všech možností pro určitý vývoj . Kyslík pozorujeme . Máte málo kyslíku . Pohlcují to

chemikálie . Ano , Amerika je nadvláda . Je silná ve vývoji . Amerika je nejmocnější kontinent . Musíte dávat pozor na informace , které dáváte . Nesmíš ILona moc sdělovat informace . Oni badatelé mají svoje starosti . Mnoho lidí si myslí že máte negativita . Víme s kým si píšeš , Ilono . Víme taky , že není moc bezpečnost . Určité lidi , ne všichni . Ivano a ILono , někteří lidé řeší vás jinde , než ti lidi z monitoru z computeru . Počítač vy říkáte není zcela bezpečný . Pozor dávejte ! Řeší vás z různých míst v Americe . Ale máte nad sebou ochranu od nás . Ale je to nebezpečné . Taky se nám to může nepodařit . Ano , lidi jsou různí na chápání a posudku o vás . Ležíte jim v hlavě . Ivano , máš nohu , která v tvém jiném těle minulosti utrpěla taky úraz . Jde to po životech . To není trest , ale to je zákon . Dobré duše trpí na těle a negativní duše mají tělo v souladu klidné . / Ebe , mám něco vzkázat ? / - My s nimi už máme tu čest s Amerikou dávno . To jim
vzkázat . ....

Amerika je mnoho mimozemštani . Samá cizí entita - jednotka biologická . Je moc druhů v Americe přeživších . Přežívají tam v podzemí i na povrchu . Jiné rasy na základě dimenze , která je skrytá pro váš povrch Země . Je i spousta dimenzí na vaší Zemi pod povrchem i na povrchu , které nejsou vidět pro vaše smysly . Vy máte jiný řád . V každém státě v každém kontinentu jsou skryté dimenze s jinými entity . Ale my s nimi netvoříme celek. My nepatříme do jejich systému . Ano , jsou to taky reptiliáni , jak jim říkají lidé . Jsou jiný druh . Jsou nemilé . Oni se umí přetvařovat a měnit . To je jejich cíl . Snaží se dostat všude . Ano jsou všude pod povrchem i na povrchu . My s nimi nechceme mít nic společné . Oni nás nemají rádi . Je moc druhů cizích entit z jiných dimenzí , Galaxií všude ve vesmíru . My máme jinou Galaxii , jiný vesmír . Je jich tolik , jako hvězd a planet z vašeho pohledu na váš planetární systém vesmíru . . / Co Reptiliáni ? / - Jsou i jako kříženci mezi nimi , ale je jich moc . Ví o sobě . Poznávají se na dálku . Mají spolky tajný . Oni reptiliáni žijí jinak . I když jsou k nepoznání od lidí . Minule byla naše komunikace síla velká . My jsme byli minule při komunikaci v blízkosti . Taky bylo lepší napojení . Dnes jsme daleko moc . Nejsme v atmosféře . Příště budeme blíž opět , až budeme potřebovat vaše vzorky ze všeho . My zkoumáme vzorky ze všeho , to co nám signál určí . Příště až bude signál , Ivana bude vědět . Ted máme jiný úkol . Ilona , nemůžeme všechno říct . Na to je vesmírný zákon . Ebe končit . Příště budeme komunikovat . Aleluja oo!

My vidíme, co si myslíte

18 September 2016

- ALeLuja oo ! Vítám vás opět při komunikaci . Je čas časů . čas se posunul do jisté fáze kosmu . Budete vidět věci nepoznané , které pochopíte časem , že jste je již zažili . Máme nastolený řád vibrací , který nám rozhoduje o našich navigacích , které máme na dosah pro vaši vládu . To vaše božstvo nepochopí . Ivana je silná osobnost. Ivana je cíl , který je dán z určité frekvence . Víte dobře , že když Ježíš nastolil klid , vše se změnilo v jedinný okamžik . Lidi začali pochybovat o své duši . Vše bylo jinak . Duši vám nedal Ježíš , ale celé nekonečno všeho . Ježíš je z jiné planety . Je vzdálen a je živ . Je vzdálen 90 světelných let od vaší dimenze . My máme ted v plánu zkoumat nitro vašich sil . Síla člověka se vztahuje na celé části centrály ve stádiu tkání a rozcestí v těle , které tvoří nano - prvky stvořené jádrem částic ve vyšším stupni energetickém vývoji .

.. ..

Prostě APROXIMACIE je vysvětlením toho ,co OLie ted sdělil . To je to , že se tvoří a vyvíjí jiný systém tkání v lidském skupenství . Skupenství je v lidech krev , biologie , částice buněk a toto je celek a vše se mění každý okamžik . Ale jedy ve vašem ovzduší vám dají za následek tu přeměnu a proměnu . V dávnověku nastal v tomto systému klid. Byly jedy , ale chemtrails je budoucnost. To byl teprve začátek . Vy

žijete v budoucnosti . A minulost byla, ta minulost pozemské jedince dělí a třídí , dle toho , jak se kdo zachoval . Lidi jsou stuktury pochybné . Lidi na vás vidí , co není lidským očím dáno . Ivana vyzařuje velké fluidum energetické rovnováhy . Rovnováhu tvoří JING JANG . Ivana má JANG . Vy jste skupenstvím vody , vzduchu , ohen , země . Ale tvoříte jen jeho část . A živel je součást . JAKALA JAKAMA FAKAMA MAKA
GAIA .

..

Cíl Země je ve startu k nepochopení . Cíl není jakostní . Manipulace všeho druhu . Vaše vláda tají velmi důležité informace , které se nesmí dostat na povrch . Mají signál a vytvořen pakt s vládou všech zemí světa . Ale Amerika a Čína je velký chaos v tomto odvětví . Oni plánují hrůzné škody , páchají zločiny . Lidi jsou navigace pro určité plány vývojového spektra , který pro mimozemské vyšší rasy bude jednou potřebný . Je tvořen pakt mezi nimi i vládou lidí . Nejsou všichni stejní ani lhostejní . Vláda je nemoc . Vládne tam děs a nejistota vůči lidskému druhu . My jsme s lidmi. My nejsme proti lidem . Oni manipulují s lidskými geny spolu s mimozemskými entity . Pro nás to není mimozemský , ale je to pro nás jiný druh . Chaos . Lidi někteří jsou chudáci , někteří špína . Ti chudáci jsou více lidmi . Špinaví lidi jsou zvěrstvo a to jsou ti
materialisté .

..

My vidíme , co vy myslíte . Toto taky zkoumáme . Více lidí ted bude ve svém centrálním systému , jak vy nazýváte mozek . Hodně lidí myslí , že zavádějí jiný pořádek a lidi myslí , že mají obavy o budoucnost . A více lidí ví probuzení . Cíl naší generace se vyvíjí do všech hodnot s lidskými prvky . Bude vážně ohrožen lidský druh , pokud se lidi nechají podmanit jiným sférám , než jsme my . Chaos lidí nastane až bude jeden druhého ve velkém ničit . A to se už u vás děje . Ivana je silný zdroj příjmu myšlenek . Ivana není odsud . Karma se ztrácí . Každý jedinec je svým způsobem pod někým a něčím , co by ho dovedlo ve vývoji duše . Nesmí nikdy nikoho ovlivnovat . To je proti osudu a proti všemu , co ten člověk potřebuje vykonávat dle své duše . My jsme nyní nad astrálním světem . Tam lidi nevidí , ale mohou vnímat , co se děje pod povrchem . Astrální svět je úroven , která je skryta proti očistě ve které trpíte . Je to jiná sféra magneticky propojená se součástí jádra Kosmu . Vysílá občas systémový signál , který někdo pocituje jako vibrace , hukot , pískání a zvuky , které vydávají spolu se Zemí . Země tvoří oblouky , jako je spojení mezi astrálem a vašim bytí . CHAKANA FAJAKA PABAKA . To je
rozcestí .

..

KABAJA JAKABA ECECHAF . EBE - složitý výraz do vašich centrál vkládá . Máme spoustu plánů vytvořit váš svět jiným . 2 Slunce už jsou , obě zmanipulované . Vaše vláda se pokouší zastínit část vašeho Slunce a část Nibiru . Ty dvě části se právě k sobě prolínali. Už to viděli lidé a to se správně nemělo nastat . A tak si vláda plánuje , že to oni vyvinou tak , že odvrátí Slunce a tímto lidé neuvidí pravou , hlavní část tohoto dění . Byla to velká katastrofa , když 2 Slunce byly těsně vedle sebe . Někteří lidi dříve viděli jako podobnou planetu Zemi . Byla podobná vaší Zemi . Lidi panikařili , panika. Entity spolu zahájili válku a objekty se různě pohybovaly po nebi. Oni chtěli svůj zisk. Lidi nevěřícně na to koukali s nechutí . Lidi se báli o sebe .

.. Bylo velké zemětřesení hlavně v kosmickém proudu . Zemětřesení nebylo z vnitra vaší země. Zemětřesení se dělo ve vzduchu . Tam nahoře je spousta věcí , které ohrožovaly lidskou civilizaci . A to u vás opět nastane . Ano , v životě ve kterém jsi Ivano byla a viděla .

.. ..

Anunnaki přiletí taky jako tam , jak bylo , ale v jiném místě . Anunnaki pronásledují lidi . Jsou vysocí a mění se . Ano, jako civilizovaná dimenze ZON . Ivana je napojená taky ZON . A my , já OLie nechceme dát Ivanu do rukou ZON . Ten chlapík , co přišel k vám v pátek , je to nebezpečný . On nebezpečí . Krása není všechno . Na nikoho se nedívejte přímým pohledem , když neznáte . Ivana je médium a někdo lidi vidí auru . On vás znal ten vtípek . Oslabil tvůj ILono systém energie. Musela jsi to cítit . Nesmíš ILono dělat vylomeniny , které mohou tvořit hru , která se může vymknout z rukou . Neznáš lidi . Kde jsi Ivano žila , byl smír . Bylo

krásně a pak katastrofa , ale to bylo o 1 dimenzi dál . Ivano , tvá duše plula kosmem ,tvou
hiearchií. ..

.. /

Výzkumník Bill Forte se ptá, co to je JALAKA a kdy mimozemštané odkryjí svoji identitu ? / - Identita již nastala . Už jsme bytosti z Kosmu odhalený . JALAKA - Je vývoj druhu všech bloklých těl , které mají za příčinu smrt jedinců . Tělo , když se blokne , tak končí a duše zůstává . Láska je součást duše. Láska odbourává stres a zábavy , které lidské tělo a bunky v něm zaplavují neustálými manévry . Jako jsou molekuly v rychlosti energetické vlny .

..

/Ebe, Bret Colin Sheppaard se ptá na světovou tajnou Loži ... / - Světová lože je lože panstva a světové generace . Lože má způsoby různých druhů podzemních chodeb i celých propletených měst a pevností , které se nazývají MATEBA . Nekonečno chodeb . A tam se dějí různé seance mezi vládami . Vlády dělají seance . V Arizoně , v Area 51 , Nevada spolu s entity různých galaxií tvoří seance . Oni mají plno papírů na důkaz toho , aby to předali tomu nejvyššímu , až postoupí . Tomu se říká astrál . Aby vláda postoupila musí se učinit jeden krok , který je velmi přísný , protože jde o Zemi , kterou chtějí
zničit . ..

/ Další otázka : Co to je za děti s černýma očima? / - Malé děti malého vzrůstu mají pochybné svědomí . Jsou to z části hybridi . Jejich geny jsou zmanipulované jiným skupenstvím částic ve vývoji , který stvořil vesmír . Na to je kosmická databáze -zákon všeho . Mají děti materiál , který nesmí být vydán lidskému stvoření . Kdyby ten materiál někdo vydal , bylo by zle . Mají oči na bázi hybridů z pokusů z kosmického členství . Ale je jich málo . Je to pouze malé členství ve vývoji . Známe ano . / Alenka má otázku, co běženci a budou nové nemoci ? / - Třetí světová je . Běženci jsou nepřítel lidstva . Oni jsou manipulace od reptiliánů . Nemoc , která je ve velkém měřítku je vyvolaná vždy biologickou zbraní nasazenou vládou všech zemí . Protože sám člověk je biologická jednotka a anti - biologie zabíjí bunky a vše v lidském těle . Vzniká rozšířená umělá epidemie všeho druhu . Ano , OLie končit . OLie jde do další fáze . ALeLuja oo!

Epiphysis cerebri – mozková šišinka

22 October 2016

- Aleluja oo! Vítám vás dnes na této vaší planetě Zemi . Máme vás a zaznamenáváme vás v koridoru záznam v určitém bodu nese zvláštní poselství . A to je opět darem pro Zemi , jako je Anglie . Anglie je poselstvím božstva . Máme záznamy z vaší historie . Čekáme jen na údaj času , který nám byl dán . Máme mnoho společné s geny Země Anglie . Anglie je vrchol těl , které jsou v jistém smyslu jiné bytosti . Je mnoho struktur odlišných v Anglii . Od vaší Země jako je Afrika , Amerika , Asie . Vše pospolu je MEGLOKA . Dávám na vědomí . Chaos se nyní děje s mutací dávno dané , která se přistihla a byla dána do starověkých
vazeb .

...

Je atmosféra částice zdroje molekul jsou na bázi měřítku tak nedostupném , že by se divily pravěké civilizace . Náš zdroj vypovídá , že Anglie a Rusko jsou součástí prvků vedených na bázi ovlivnování . Bude se dít velký chaos Rusko a Anglie . Amerika vše zařídí . Čína ano . Vše ale nepodmíní to , co je dáno . Atmosféra je větší řidič všeho druhu . Cíl máme za úkol snímat prvky molekul , které jsou ve fázi katastrof . Katastrofa bude až lidé začnou více spát . I když se svět probouzí dejme tomu v malém množství , ale probouzí se . Dávám JEMDA . JEMDA je starobylé slovo možnost . Chaos Rusko , Amerika . Víme mnoho atmosféra , ale víte dobře , že podzemní města nyní tvoří část energetických center , které tvoří chodby . Jsou to chodby ve vývoji molekul a hliníku . Vedou až do atmosféry . Vše je propojeno . Na to není cíl , ale musíme vědět a vidět . Vy i my , že podzemí zkoumáme a musíme vzorky z těch různých svinstvech omezit .

.... V podzemí se tvoří jed . Jako nad vámi v ovzduší . A lidé spí . Protože nastal čas probuzení duchovního , ale nastal čas omezení těla . Tělo je ve fázi velmi nespolehlivé . Je to spjato s různými vývoji tělo lidské . Vývoj nepřišel sem na Zemi jen tak . Duše je manipulace všeho a všech . Co vnímáte , to máte . Musíte umět se probudit z těl . Tělo . A tím musíte zdokonalit duši . Její centra jdou do centrály fyzických těl . Amerika dělá manipulace s tímto . Tvoří bunky na základě společných exklusivních deformačních extází . A tělo se tomuto vývoji neubrání . Lidské DNA je deaktivováno . V tomto manipulačním centru . Dávám zkoumání myslíme i když mozek nemáme . Máme jakousi , jak vy říkáte šišinku . Ona vypadá , jako trojúhelník plochý . Dáváme ted mnoho sil na rozluštění psychiky lidstva . Ano , šišinka mozková jak vy říkat , vy ji máte šedou a zrohovatělou , ale ta vám dává údaje , jako my dáváme údaje z našich těl do vašich polí , které tvoří obrazce , poselství Bohů . A my zkoumáme vaší mozkovou šišinku a vy lidé ji máte

zakrnělou , je skrablatá . My rozdáváme poselství a vy lidstvo ho ničíte . Vy poselství neznáte nebo ho neumíte pochopit. Nebyli jste
dodělané . ……
Energetické pole v jisté fázi vesmíru dává mnohé zabrat . Dáváme v energetickém centru do vlasti vašich center . Vaše centrální nit , to je krev je dána do našich laboratoří . My zkoumáme vaši nit na fázi měkkého hlinitého defektu Hlinitý defekt omezí strukturu vašich nití ve stavu , který dýchají vaše plíce . Je to defekt , který ovlivnuje krevní oběh . Katastrofa v niti , která je krev u vás má za následek velmi špatný příjem pozitiva . Lidé by se měli zamyslet nad svým mozkem . Mozek je ve vývoji malé části . Jelikož mozková šišinka , jak jsem sdělil je nedotvořená . Kdyby byla dotvořená , tak lidé jsou ne roboti . Mnoho společné vesmír . Vemte si Slunce a Měsíc a oběžnou dráhu vaší matky Země . Tak stejně pulsuje srdce , tělo , duše v lidech . Ale lidé mají jinou strukturu . My máme v Lodi dva hlavní , kteří tvoří systém molekul a dva vedlejší , kteří to jen sledují . My Olie sledujeme a je jeden , co vyjde na povrch a to je ten hlavní.
Nemůžeme říct vše o EPIPHYSIS CEREBRI , to je latinský název o mozkové šišince . Jen je jasné , že ji lidé mají šedou a zrohovatělou . My zkoumali právě povrch té šišinky a odebrali jsme z jednoho druhu pozemského člověka právě vzorek , který se udal v Dubaji . Dubai a ten člověk je zásluhou vzorku . On je vyslaben , je slabý . My jsme mu vzali část vzorku energetického centra . Ubyla mu tkán , je slabý . Ivano musíš učinit skupenství svobodného jádra ,

který má za oběh proudění vln do fází krve . Ebe Olie ví , že máme zkoumat lidi i druh podlidí . Mamuti byli vyslaný a byly to poselstvím duší , jak zákon píše . Ale mamuti byli na úrovni druidů . Druidů míšených s lidmi, ne- lidmi . Lidé byli vývoj hybridů . My nedotvořit na vyšší úroven , jelikož nebyl čas. My měli fázi do našeho systému se navrátit a v budoucnu bude totéž . Historie se opakuje . Ale Slunce je zmanipulované . Máte tam ve vašem slunečním systému plno Lodí , které infroktikují následky z iodifikovaných vzdušných sfér , které jsou jakoby zástěrkou . MEGA JAMA říct Amerika , že to je hrozba pro náš systém . Operace u Slunce jsou vašim přenášečem GAMA JAMA .

...

Měsíc je nový . Je nasazený . Byl umělý. Váš Měsíc padal do energeticko - galaktického prostoru . Váš Měsíc manipulace . Epileptica . Děly se tam operace , jako u Slunce. Proto vaše Slunce bude také nahrazeno Nibirem . Druhým Sluncem. Až to vaše bude menší a slabší , to Nibiru bude vedle a bude jasnější . A lidé budou koukat na nebe a budou říkat , co se děje ? Druhé Slunce už je někdy vidět . Už to je ./ Ebe, Eric Mitchel se ptá , proč byl kontaktován a co chtěli , aby udělal ? / - On DNA kontakt jeho matka , proto my ho kontaktovat , ale ne já , ale naši pomocníci ho kontaktovali . / Shaun Coates se ptá , jestli ho navštíví mimozemštané ? / - Neznáme tuto osobu . / William Mawers se ptá , za jak dlouho bude kontakt s celým světem ? / - Už dávno nastal . Nemusíte na to mít žádné lazery ani odposlouchací desky ,

jako jsou na Aljašce antény . To jsou desky o mnoha frekvencích . To jsou antény a mají hodně společné s CERN . který je vodič těchto antén . Jsou společné na stejném principu . Oni se domlouvají . / Steve Murillo se ptá- Co je volná energie pohonu , jaké je to tajemství ? ... / - Velká energie pohonu není tajemstvím , je to vyvolané energií právě
CERN .

....

/ Nancy Tertre se ptá , jestli by jste byli schopni dát mluvený záznam , dát vzorek rodného jazyka a jestli máte abecedu ? /- Vzorce a tajemství a poselství už dávno měla tato osobnost s velkým srdcem dávno rozluštit v lánech v obilí , tam to je . Tam je mnohé od číselných period po slovní periody , které vykazují fyziku , geometrii , biologii a hlavně Vesmír . Ten je na stejné bázi . Naše řeč není jako vaše . Vy máte domněnky . Jen smýšlíte a nevíte . My máme řeč na vývoji staro- hebrejské . Ano , na bázi Římsko - české milosti . Sanskrit ano . Ano Sanskrit jazyk je Marahata Charara . Jakama GAIA . To je ovlivnování ovzduší . Sanskrit . Opice se zrodily na vývoji 123 obkala . To znamená písmo staro Římské , jako že nastal jejich druh vývojem hybridů a historie pokračuje , ale opice byl vývoj lidsko - opičí . Byl ještě vyvinut z historické fáze . Ted jsou mnohé jiné deklarace na vývoj , že lidé budou před lidé mutantů . Ale to nastane 2035 . Někteří , jako my vypadají humanoidi a to jsou poslové z budoucnosti . Ti tu budou vládnout . A vy lidé jste jistý poddruh . Ale mnoho rození . Milujte se a mějte se v lásce , ne nenávist . Ebe Olie končit . Milujeme vás , jako vy cítíte také . ALELUJA oo ! Moc děkujeme Ebe , OLie! Děkujeme moc všem !

Zmutovaný hmyz

14 January 2017

- Aleluja oo ! Vítám vás! Máte nový rok a s ním další starosti . My u nás nemáme taková stádia . U nás čas není . U vás čas zaznamenává stáří. Přitom stáří je jen fyzická hmota . Je to viditelný vesmír . Je jiný , než doposud . Vesmír se mění kvůli gravitační energii , která pochází z protonu . Je velký posun v antihmotě ve Vesmíru . Vesmírná tělesa změnila svou dráhu i vaše Země . Nibiru je vedle Slunce stále dlouho . Jen je skrytý Nibiru , ale pomali se odkrývá . Už nastane čas , kdy ukáže svou část . Slunce vyhasíná , ale ještě bude pár let vašim zdrojem . Energii stále má . Aktivuje jeho sílu pomocí nabíjení z Lodí z jiných dimenzí . Je pod dozorem vaše Slunce i Měsíc . Měsíc není hologram , jak si někdo myslí .

....

Měsíc je jakási družice i rampa . Vaše Země vznikla rozpadem Měsíce . Nyní je Měsíc součástí kariér . Vzdělávací středisko pro kosmické lety . Měsíc slouží jako základna pro lety . Hologram jsou někteří lidé na Zemi . Vysílač pomocí lazeru . Už to ví vláda dávno . Musíte si dávat pozor na lidi s kým mluvíte . Hovoříte o nás , víme Lidi mluví o vás ve světě . Musíte dosáhnout hranice opatrnosti . Ebe je vítr . Máme vítr v naší Lodi . Vítr

způsobuje vlnění signalizace v přístoji , který zaznamenává vývoj molekul v atmosféře . Hlídáme stav ve Vesmíru . Jsme ted nad atmosférou . Máme zabezpečenou ochranu proti
zimě .

...

My máme rádi teplo pro naší Lod . Je to snadnější . Vaše celá rodina je pod tlakem ze strachu , který je zbytečný . Cítíme to . Musíte se umět radovat . Jste bod pro manipulaci některých lidí . 10 lidí vás manipuluje , ale máte ochranu , snažíme se . Ivano , máš problém tělesný kůže noha. Víme, bude dobře . Bolest ustoupí . Přej si , to je lék . Vidíme dovnitř , tam problém netkví , ale jsou to faktory z venku . Už v naší Lodi máme tlak , chaos . Nemáme víc naše Lod paprsky . Chaos podnebí ./ Ebe, Je dobře , že o nás budou mluvit v americkém rádiu ? /- Musíte dávat pozor na sebe . Jinak to nevadí . Už se stalo . Víme o tom a bude toho více .

...

To je teprve začátek . Ale musíte být bezpečnost . To je pravidlo . Naše energie je ted pohlcovaná z Kosmu . Ebe je rád , že máte mapa láska . Máme zdroj lásku napojen okolí duše . Část jejího vývoje . Okolí je v záznamu v programu . Zachytávání výboje aury . Film duše snímá lazer paprsek . Duše je nekonečno jako Vesmír . Vesmírná duše . Síla žhavý pásek . Ivana kariéra HAKAMA . Cíl naší síly znamená cíl nekonečno . Naše Lod se vzdaluje od vítr. Chaos vítr .

Manévruje to s deskou uvnitř vakua . Je to hustota v Lodi . Budou velké kalamity na Zemi . Mnoho vody poteče k jaru . Lidé se o nás baví ve většině státech . Nevěří i věří . To zaznamenáváme . Tento zdroj záznamu . Máme trochu obavy sdělovat různé sdělení . Musíme opatrně . Vaše realita na Zemi probíhá mnohem rychleji . Lidstvo vnímá čas jinak , jako ubíhání bez času . Jiná sféra nastává . Vše je jiné . To už jsem sdělil . Je posun. Manipulace lidí ve velkém měřítku . Ilono , dnes je pomalá komunikace . Jsou situace , které kolísají . Ano , u nás je tvar dokončen . Tvar struktury , která sleduje život veškerý . Tvar bunky . Ivana je naše síla milá . Fajn pejsek , fajn vaše zvířátka . U nás nemáme . My máme jen jistý druh hmyzu . Máme zmutovaný hmyz . U vás na Zemi se taky vyskytují nové druhy zmutovaných zvířat a hmyzu . Nové druhy a větší druhy působí uměle . Jsou jako bioroboti nový druh hmyzu . Zatím je malý výskyt . Další čekají ve vakuu , až se zrodí jejich posun . Čekají . Malý výskyt je v jižních částech Země . Do severních částí čekají mnohem více ve zkumavkách. Podílí se na tom vaše vláda s bytostmi z Kosmu . Nemůžu sdělit o jaké bytosti jde . Vše je hlídané . Náš signál naší Lodě oni mohou snímat . Ten jistý druh bytostí . Jakékoliv vyřknutí mohou zaznamenat . Je to tajné . Vím , bude jich mnoho . / Nezahubí nás ? /- Nebude jejich cílem zahubení , ale jiné a mnohem horší věci . Nemůžu ted sdělit . Možná o tom příště budu sdělit . EBE muset ted končit . Musíme se vzdálit mnohem výš . Sdělil jsem vše , co bylo dáno . Budte veselé ! Aleluja oo !

Ivana se svým psem Vanga

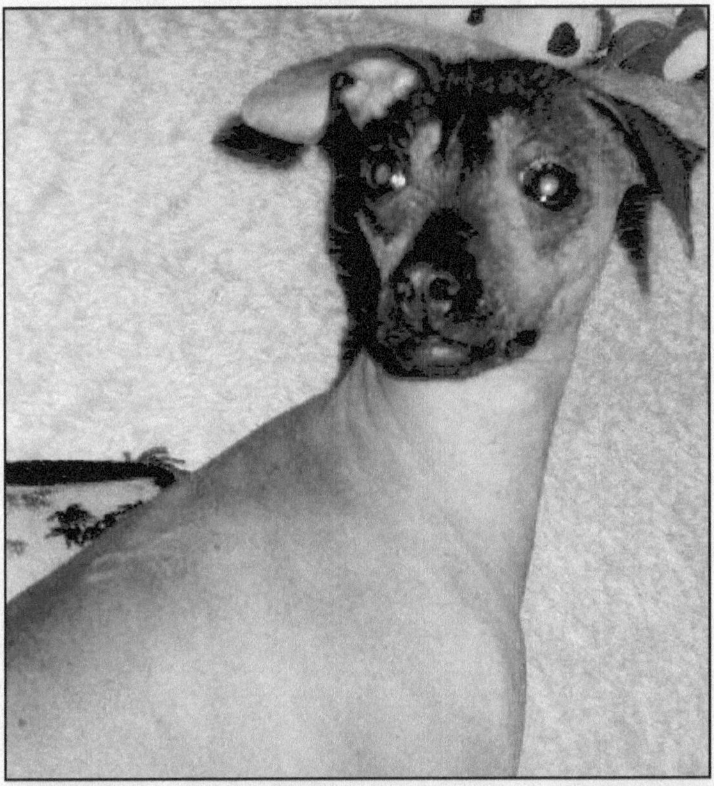

Ilona a Ivana je Doggies (nahoře) Sophie (dole) Dancing Queen

Ilona a Dancing Queen

Roswell

Od EBE – Olie : - Ještě mě OLie se nelíbit , že každý má názor podle knih. Knihy taky neví nic přesně . Ano v Roswellu jsme byli , protože jsme tam chtěli být . Tenkrát , naši členové tam ztroskotali. Jen jeden člověk , který dal hlášení i když nesměl . Ani letadlo je nezaregistrovalo a u vás jsou noviny všelijakých keců . Oni novináři psali všude , že někdo viděl nás nebo jiné. To je pravda , ale novináři si k tomu ještě moc vymýšlet , nesmysly . Není to přesně . To já OLie byl jinde. Ale náš stroj , objekt nikdo neviděl , protože se dal do pořádku a náš člen ELieLjí tam bohužel zůstal . Nic jiného k tomu nechci napsat. Jen , že ho trápili negativní tvorové z Ameriky v tajné laboratoři .

Závěr (32) - Jsme bytosti času. Tyto přenosy (Ivany a Ilony) jsou tak reálné, jako jakákoliv komunikace prostřednictvím médií, které neznají vědu nebo technologie zapojené v rámci přenosů s tímto EBE , jménem Olie. Tyto sestry jsou lidské bytosti s žádnými vědeckými znalostmi ale s mimozemskými okolnostmi, které s nasazením přepsaly tyto původní zprávy z jiného světa s cílem , aby je náš svět mohl spoznat a aby sme společne mohli spolupracovat za účelem jejich porozumění. Tyto přenosy jsou připomínkou lidského ducha, který nám ukazuje, že nejenže nejsme ve vesmíru sami, ale že ve vesmíru existují i humanoidi jako my a mají stejné obavy o budoucnost všech světů jako my. Ilona a Ivana by se ve starověké společnosti klasicky považovaly za adeptky.

Je-li adept duchovně v souladu s jakoukoliv sílou našeho přírodního světa, s ohněm, vodou , zemí a větrem, může dosáhnout všeho co chce a stává se harmonizační vyrovnávající součástí v rámci této síly. Pro tuhle sílu není nic nemožné v rámci našich zemských fyzických těl. Jsme prostě část Země a máme s ní schopnost reagovat. Jsme schopni využívat energii pro vytváření nových částí jednoho celku . Stejně jako začít vždy znovu poté, co si postavíme hrady z písku v naší mysli. Zhmotnění a manifestace tohoto hradu z písku na základě naší mysli, je však méně důležité než ta samotná myšlenka, která jej vytvořila, protože ona nemůže být nikdy zničena vůlí nebo jakoukoliv vnější sílou. Myšlenka pochází ze světla a prostor má za úkol ji zachytit. My všichni jsme potenciální adepti a jsme zde na Zemi abychom osvětlovali a vychovávali budoucí adepty jakéhokoliv světa. Všichni lidé jsou potenciální adepti, a proto jsem velice vděčný našim českým dívkám za jejich odevzdané vědomosti a sdílení přátelství mezi všemi světy. Bret C. Sheppard .....

Appendix

Life in Telč in the Czech Rep.

Maria column, Zachariáše z Hradce Square, Telč, Moravia, Czech_Republic

Ilona a Ivana Jejich otec se Joseph

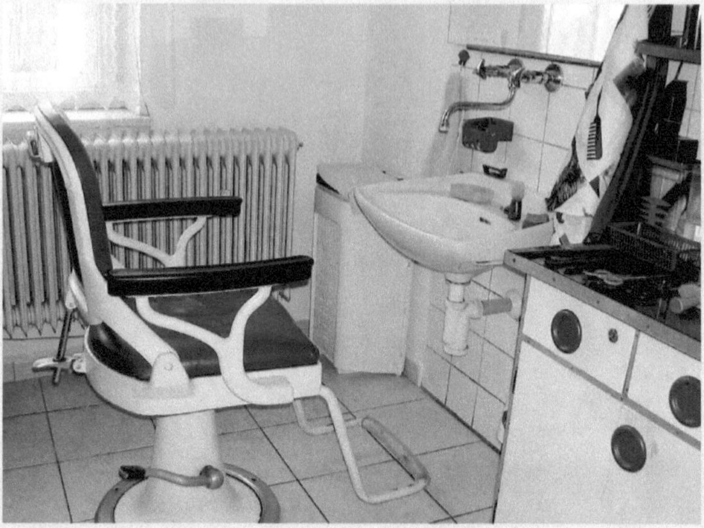

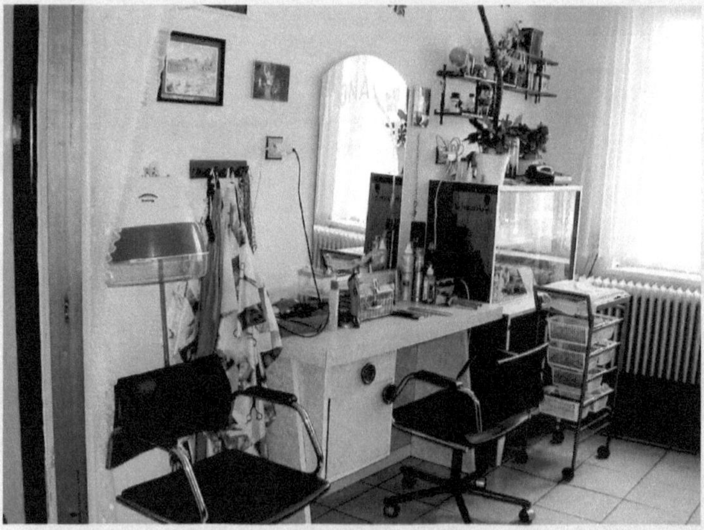

Ilona and Ivana's Beauty Shop

Sestry komunikují s mimozemšťanem
Sestry ILONA (38) a IVANA (28) PODHRÁZSKÉ z Telče na Jihlavsku mají zvláštní zálibu. Tvrdí, že už dvanáct let komunikují s mimozemšťany, kteří se údajně nacházejí ve vesmírném plavidle nad naší atmosférou.
Máme bílou krev
„Já tomu nevěřím," tvrdí otec.
Zachráníme

MLUVÍME S MIMOZEMŠŤANY!

Už čtrnáct let komunikují dvě sestry z Telče s ufonem. Ilona je médium, Ivana zprávy zapisuje.

Podle slov slečny Ilony Podhrázské, starší z obou sester, se všechno událo někdy na jaře roku 1992.

„Vracely jsme se z folklorního festivalu. Pomalu jsme došly až k domku rodičů. Když jsem otevřela dveře, najednou se stalo něco zvláštního. Dveře se odrazily od něčeho hodně měkkého a prudce se zavřely. Jako by za nimi byla guma – dveře se od ní odrazily a letěly zpátky."

CO TO BYLO?

Holky nikdy nic podobného nezažily.

„Vzpomínám si ještě, že jsem stačila zahlédnout nad hlavou něco velkého a světlého, takového zářícího. Připomínalo to bytost. Pamatuji se, že to mělo takovou velkou stříbrnou hlavu s obrovskými otvory pro oči, ale ty oči jsem neviděla. Hlavu s drobným tělíčkem mu spojoval malý krk a strašně hubené ruce a nohy. Přelétlo to hodně rychle chodbou a potom ven přes zídku."

Ilona říká, že vycítila, že se ona zvláštní bytost

Ivana je ta, která všechny ufonské myšlenky a slova zapisuje. Prý jsou opravdu revoluční.

Ilona se do Oliena hned zamilovala.

nic nenašli. Říkaly jsme, že to byl možná nějaký mimozemšťan, ale oni se tomu jenom smáli."

O pár dní později se dívky sešly s jednou známou paní z města, která je pozvala na seanci při vyvolávání duchů.

[...]

že jsou velcí tak metr dvacet, mají čtyři prsty a v jejich těle koluje bílá tekutina jako krev."

„Zamilovala jsem se do něho na první pohled," navazuje na sestřin monolog Ilona, „vlastně ne pohled, ale pocit. Ci-

[...]

zklamaná, protože jsem asi chtěla, abych měla kluka, se kterým půjdu do kina nebo na večeři a se kterým budu mít jednou rodinu. Že by bylo hezké, až bych ho představila mamce. Jenomže oni jsou spíš jenom ra-

[...]

kou lásku neznají. Rozmnožují se jinak než my, a to jehlou. To mi říkal Olien. Smířila jsem se s tím, a tak zůstáváme dobrými kamarády. Domluvili jsme se na tom."

Zpočátku o svém zážitku dívky moc nemluvily. Bály se, že by se jim každý vysmál. Potom se ale svěřily lidem ze spolku, a mezi nimi našly několik příznivců, kteří je vyslechli a potvrdili jejich domněnku, že se skutečně mohlo jednat o mimozemskou civilizaci.

Ilona i Ivana se občas sejdou, aby si s Olienem trochu popovídaly.

„Když ho oslovíme, cítíme, že má velkou radost. Některé jeho zprávy jsou hodně nesrozumitelné, musíme si je číst několikrát. Třeba jed-

nou jsme dostaly vzkaz: „Odebíráme lidem vzorky a zkoumáme, jestli to má smysl. Budou se rodit bytosti napůl lidé a napůl my. Konec světa nebude, to je nesmysl. Jen se straší lidé. Pohlavní orgány nebudou sloužit k oplodnění..." U nich se oplodňuje vpichem a narodí se mutant, není to dítě v pozemské ženě, ale v jejich bytosti."

„Víte," říká najednou Ivana, „my zapisujeme všechno, co Olien řekne. Jsou to někdy věci, kterým opravdu nerozumíme, protože jsou takové vědecké. Já i sestra jsme vyučené kadeřnice, tak jsme donesly přepsané stránky jednomu starému profesorovi. Ten se na ně díval a řekl, že to jsou všechno revoluční věci, které odpovídají pravdě a vědeckému zkoumání."

NEJSME BLÁZNI

„Někteří lidé si myslí, že jsme blázni, anebo se chceme jenom zviditelnit, ale to není vůbec pravda," shodují se obě sestry na závěr.

„My svoje informace nikomu nevnucujeme. Říkáme, co jsme viděly a zažily. My jenom chceme, aby lidé věděli, že mimozemský život opravdu existuje."

■ Vyprávění obou sester

Ivana se ptá, Ilona zapisuje.
EBE?

JENÍ S MIMOZEMŠŤANY
SKUTEČNÝ PŘÍBĚH
Aha!
ETA!
MÉDIA
SESTRY Byly prý mimozemšťany vybrány proto, že mají vhodné schopnosti z minulých životů

Ilona a Ivana Plazí s novým kamarádem

“Little Grey Friendship”

Happy for you is what I seek.
The colors blind for when we speak.
My friend in peace honorable and true.
The original peace comes from you.
There in the beginning and to the end,
Friends for life together again.

I see your heart in shades of gray.
My alien friend here to stay.
Your ship crashed down,
Like lightning smashed,
Magnetic fields surely zapped.
I'm sorry that they did that to you,
For they knew not what they do.

Were not all like that you will see.
The little gray men in you and in me.
Friends for life we'll always be,
A little Grey friendship for the world to see.

- Bret C. Sheppard -

www.ingramcontent.com/pod-product-compliance
Lightning Source LLC
Chambersburg PA
CBHW030806180526
45163CB00003B/1163